超细粉末工程基础

吴秋芳　编著

中国建材工业出版社

图书在版编目（CIP）数据

超细粉末工程基础/吴秋芳编著．—北京：中国建材工业出版社，2016.9

ISBN 978-7-5160-1648-0

Ⅰ．①超…　Ⅱ．①吴…　Ⅲ．①微细粉末-粉末法　Ⅳ．①TB44

中国版本图书馆 CIP 数据核字（2016）第 219709 号

内 容 简 介

　　本书以颗粒基本特性为主线，重点介绍了平均粒度在 10μm 以下（包括纳米材料）的超细粉末的制备和应用过程中涉及的工程基础知识，还介绍了超细颗粒的过滤、干燥、解聚、分级、储存包装以及悬浮液流变性能与颗粒特性的关系。

　　本书适合于超细粉末制造行业，包括工业陶瓷、涂料、油墨、胶粘剂、塑料加工、日用化学品等行业的研究开发人员和粉体设备设计人员参考使用。

超细粉末工程基础

吴秋芳　编著

出版发行：中国建材工业出版社

地　　址：北京市海淀区三里河路 1 号

邮　　编：100044

经　　销：全国各地新华书店

印　　刷：北京雁林吉兆印刷有限公司

开　　本：710mm×1000mm　1/16

印　　张：5.5　彩插：0.5 印张

字　　数：60 千字

版　　次：2016 年 9 月第 1 版

印　　次：2016 年 9 月第 1 次

定　　价：**48.00 元**

本社网址：**www.jccbs.com**　　本社微信公众号：**zgjcgycbs**

广告经营许可证号：京海工商广字第 8293 号

本书如出现印装质量问题，由我社市场营销部负责调换。联系电话：**(010)88386906**

作 者 简 介

　　吴秋芳，华东理工大学教授级高级工程师，现任超细粉末国家工程研究中心总工程师、中国稀土行业协会专家组成员、粉体圈技术专家委员会主任；出生于上海市松江区，1982 年元月于华东理工大学（原华东化工学院）无机化工专业毕业后留校任教，研究生学习师从王承明教授；长期从事纳米材料、化学工程的研究和教学，拥有职务发明专利 60 多项，专著有《信息用化学品》；先后在磁性材料、涂料、纳米碳酸钙、岩棉等不同企业兼任技术负责人，为我国纳米碳酸钙技术赶超世界先进水平作出了突出贡献。

　　2005 年入选上海市优秀学科带头人和徐汇区科技领军人才；

　　2006 年获第六届徐光启科技奖章金奖；

　　2007 年和 2009 年分别获上海市技术发明奖和上海市科技进步奖；

　　2012 年被国家发展与改革委员会授予"国家工程研究中心先进工作者"称号。

前　言

　　华东理工大学超细粉末国家工程研究中心成立已经二十周年，本人见证其发展的历程并参与了多项成果的工程化。超细粉末国家工程研究中心在纳米材料制备和应用方面取得了一批产业化成果，其中值得数说的产业化成果有：磁记录用磁粉（主要的贡献者为古宏晨、郑柏存、李春忠、魏群）、羟基磷灰石骨水泥（主要贡献者为刘昌胜、沈卫）、纳米碳酸钙（主要贡献者为顾燕芳、姚成、顾达）、气相法二氧化硅（主要贡献者为丛德滋、李春忠）、化纤用钛白粉（主要贡献者方图南）、石墨乳（主要贡献者干路平）、稀土抛光粉（主要贡献者高玮）、亚微米碳酸钙（主要贡献者为吴秋芳、陈雪梅）等。上述主要贡献者后面均有一个团队，他们为成果的工程化和产业化作出了默默无闻的奉献，借此书向工程中心的奠基者和创业者致敬。

　　超细粉末是指平均颗粒度在 $10\mu m$ 以下的粉末状物质，包括纳米材料。超细粉末的共性是具有较大的表面积，易于团聚成较大的颗粒。粉体工程学已有经典教材，例如陆厚根先生的《粉体工程导论》。巴顿的《涂料流动和颜料分散—流变学方法探讨涂料和油墨工艺学》则是颜料级粉体（属于超细粉末）在涂料和油墨中应用的最佳教材。

　　本书以上述两个教材为蓝本，从中抽提出与超细粉末特性相关的部分，以颗粒基本特性为主线，重点介绍超细粉末制备和应用过程中涉及的工程基础知识，还介绍了超细颗粒的过滤、干燥、解聚、分级、储存包装以及悬浮液流变性能与颗粒特性的关系。

为了赶在工程中心成立二十周年之际出书，原计划的第十一章超细颗粒烧结，由于时间问题没有来得及成稿，留下些许遗憾。本书是在山西兰花华明纳米材料股份有限公司的培训讲座基础上整理而成的。原本不想出版，但该公司董事长马建民再三鼓励，这才匆匆成稿，其中谬误希望得到读者指正。

编者出版初衷是，以此书作为超细粉末行业从业者和初学者的辅导读物和辅助教材。

吴秋芳

2016 年 8 月

目　　录

第一章　超细粉末工程研究范围 ……………………………………………… 1

第一节　超细粉末的定义 ……………………………………………… 1

第二节　超细粉末涉及行业及其主要应用 ……………………………… 1

第三节　超细粉末工程研究的内容 ……………………………………… 4

第二章　超细粉末的颗粒特征 ……………………………………………… 6

第一节　颗粒平均尺寸的表示方法——等球模型 …………………… 6

第二节　颗粒度分布 …………………………………………………… 8

第三节　颗粒形貌 ……………………………………………………… 10

第四节　超细颗粒的表面性质与表面改性 …………………………… 11

参考文献 ………………………………………………………………… 13

第三章　超细颗粒之间的作用力 ………………………………………… 14

第一节　颗粒间范德瓦尔斯力 ………………………………………… 14

第二节　毛细管力 ……………………………………………………… 16

第三节　磁性作用力 …………………………………………………… 19

第四节　超细颗粒的团聚状态 ………………………………………… 19

第五节　干燥类型与产品团聚的关系 ………………………………… 21

参考文献 ………………………………………………………………… 23

第四章　超细颗粒的堆积 ………………………………………………… 24

第一节　视密度和振实密度 …………………………………………… 24

第二节　均一颗粒的堆积 ……………………………………………… 26

第三节　多元颗粒的堆积 ……………………………………………… 29

第四节　超细粉末堆积因素调节方法 ………………………………… 31

参考文献 ………………………………………………………………… 33

第五章　超细粉末吸油值 ………………………………………………… 34

第一节　吸油值定义 …………………………………………………… 34

第二节　吸油值与超细颗粒特性的关系 ……………………………… 34

第三节　吸油值试验的误差因素 ································· 36

参考文献 ··· 38

第六章　超细颗粒表面张力 ································· 39

第一节　表面张力 ··· 39

第二节　微小曲率表面的性质 ································· 40

第三节　固体和液体接触界面 ································· 41

第四节　超细颗粒表面吸附性质 ······························· 43

参考文献 ··· 46

第七章　超细颗粒分散体及其稳定性 ····················· 47

第一节　分散体中颗粒的布朗运动 ··························· 47

第二节　布朗运动的后果——粒子凝集 ······················· 48

第三节　分散体中颗粒表面电荷 ······························· 49

第四节　分散体中颗粒间排斥力的结果——分散体稳定性 ······· 51

参考文献 ··· 53

第八章　超细颗粒床层中的流体阻力 ····················· 54

第一节　床层的水力当量直径 ································· 54

第二节　床层压降 ··· 55

第三节　滤饼床层的压缩性质 ································· 57

参考文献 ··· 59

第九章　超细颗粒沉降 ····································· 60

第一节　高度分散体系的沉降平衡 ··························· 60

第二节　球形颗粒相对于流体的沉降运动阻力 ··············· 61

第三节　球形颗粒的自由沉降 ································· 63

第四节　非球形颗粒的自由沉降 ······························· 64

参考文献 ··· 67

第十章　超细颗粒悬浮液的流变性 ························· 68

第一节　硬球悬浮液 ··· 69

第二节　剪切速率对硬球悬浮液黏度的影响 ··············· 72

第三节　胶体悬浮液流变行为 ································· 73

参考文献 ··· 77

第一章 超细粉末工程研究范围

第一节 超细粉末的定义

超细粉末泛指颗粒度在 $10\mu m$ 以下的粉末状物质，是处于宏观物体和微观分子之间的介观颗粒。从表面能观点看，$10\mu m$ 以上的颗粒，其表面自由能作用已经并不显著；从颗粒的布朗运动动能而言，大于 $1\mu m$ 的颗粒，其动能与其他势能相比较可以忽略不计。因此，从表面能角度看，用等比表面积衡量的等球尺度的针状颗粒以及二维纳米材料等也属于超细粉末研究的范畴。以尺度来区分，超细粉末工程是粉体工程的一个分支，超细粉末工程主要的理论基础是粉体工程学、物理化学和流变学。

第二节 超细粉末涉及行业及其主要应用

超细粉末涉及诸多行业，非金属矿物物理加工行业在超细粉末的产量和品种上占有重要的地位。随着研磨设备和研磨技术的发展，大多数矿物粉末产品在朝超细化方向发展，表面改性或表面处理技术是超细化发展的核心技术，例如超细滑石粉已经大量地用于聚丙烯抗冲材料和油漆。

非金属矿物化学加工中，超细活性碳酸钙已经大量地用于密封胶、橡胶、汽车底漆和塑料软质制品起补强作用。沉淀法白炭黑和气相法二氧化硅作为橡胶的功能性填料主要用于橡胶轮胎和橡胶制品，表面改性的白炭黑也用于密封胶或用作消光剂。水泥熟料的生产过程以及研磨、水化等研究为超细粉末工程奠定了基础。

陶瓷工业有别于其他无机非金属材料加工业，绝大部分陶瓷原料涉及超细颗粒。建筑陶瓷近年来已经大量使用的喷墨颜料也属于超细颗粒分散体。工业陶瓷领域，业已大量使用超细的氧化铝、氧化锆和硅酸锆作为结构陶瓷材料的原料粉，相对而言，由于原料粉价格等因素，氮化物、碳化物等非氧化物高温结构陶瓷的使用尚未达到氧化铝和氧化锆类似的工业普及程度。尽管工业陶瓷的烧结理论迄今还未形成一致性的观点，但工业陶瓷尤其是工程结构陶瓷、电子陶瓷、耐热涂层陶瓷等功能性陶瓷，将是超细粉末的重点市场。国内在超细粉末原料的生产供应方面还存在诸多瓶颈问题，因此，工业陶瓷是超细粉末发展的重点方向之一。

金属矿物的细磨及其浸出对于低品位和难以浸出的矿物的加工也出现超细化研磨的动向。粉末冶金是冶金工业中超细粉末应用较为成功和活跃的分支，出现了大量超过同类合金性能的粉末冶金新材料。新兴的 3D 打印材料制造行业，将需要大量的金属和钛合金等超细粉末原料，是超细粉末新的应用方向。

绝大多数颜料属于典型的超细粉末类直接产品，颜料颗粒度与其对光的散射性质直接相关。因此，颜料颗粒度大多集中在 $0.2\sim0.5\mu m$ 之间，例如市售的大多数钛白粉的平均粒径处于 $0.3\mu m$ 左右。颜料对反射强度大，其颜色的亮度值也高，因此，绝大多数颜料的颗粒度分布是较窄的，宽的颗粒度分布其颜色的亮度值就会下降。故到目前为止，颜料生产工艺绝大多数采用化学合成路线。颜料中的炭黑则比较特殊，一次颗粒粒径属于纳米级，炭黑除了用作黑色颜料之外，还大量用于轮胎补强填料。与炭黑类似的还有酞青蓝等有机颜料，酞青蓝是有机颜料中用量最多的，也是较难分散的一种，油漆、油墨制造中经常遇到酞青蓝颜料返粗等不稳定现象。

医药、化工行业许多产品涉及超细粉末，例如催化剂与催化剂载体、吸附剂、抛光剂、研磨剂、显影剂、塑料加工中的晶核剂、药物造粒产品、药物和农药的包衣和缓释产品、靶向治疗药物和诊断试剂等。日化制品也涉及为数众多的超细粉末，例如滑石粉、氧化铁颜料、珠光粉、钛白粉、碳酸钙、煅烧高岭土、PMMA（聚甲基丙烯酸甲酯）微球、二氧化硅等。

塑料、橡胶制品加工和造纸行业是超细粉末主要的应用行业。橡胶加工涉及大量的纳米级填充材料，主要有纳米二氧化硅、炭黑和氧化锌。硬质塑料制品中用量最大的当属重质碳酸钙和滑石粉。软质塑料制品中则大量使用超细活性碳酸钙和滑石粉。造纸行业中大量使用普通轻质碳酸钙和重质碳酸钙作为填料，煅烧高岭土、钛白粉、超细碳酸钙则主要用作纸张涂布的颜料。

高分子乳液中的聚合物也是较为典型的超细颗粒材料，已经大量用于粉末涂料、胶粘剂、压敏胶等。高分子与颜料等的混合粉末也有许多产品，例如静电显影剂、墨粉等。高分子微球也有用作隔离剂、色谱柱载体。聚乙烯蜡作为润滑剂已经大量地用于塑料加工行业。用量最多的高分子类超细粉末当属聚氯乙烯，大多采用悬浮法合成，以粉末形态销售。石油钻井泥浆是超细颗粒触变性悬浮液的重要应用例子。

随着电子和新能源行业的快速发展，超细粉末的应用层出不穷，也是未来新的增长点。例如，二次电池电极原料所用的超细石墨粉、磷酸铁锂、钴酸锂、碳纳米管等，光伏电池中的电子和空穴隔离层纳米二氧化钛材料，晶硅制造过程中使用的超细氮化硅隔离剂，磁芯用四氧化三锰和氧化铁等，集成电路中的金属导电粉体和印刷电路用石墨烯等导电浆，磁记录磁粉，微电子芯片和太阳能硅晶片制造中大量使用超细抛光材料，例如纳米二氧化硅化学抛光液等。

农林食品制造业也涉及超细粉末产品，例如传统的可可粉、灵芝孢子粉、超细茶粉、花粉、花椒等天然调味粉。羟基磷酸超细粉末（骨水泥）已经用作骨修复和再生"种植"。高等动植物细胞由许多不同尺度的超细颗粒单体构成，利用仿生学原理制造新材料和生物材料是当今研究的一个新热点。

机械制造行业中应用的超细粉末产品主要有真空用密封磁流体，探伤用磁流体，润滑油用纳米氧化铜。随着 3D 打印技术日趋成熟，机械制造行业对超细金属粉末的需求将出现快速增长趋势。

航天工业中固体燃料较早应用了超细粉末类金属粉，例如铝粉。在民用工业方向，铝粉和淀粉类等易燃易爆类超细粉末的安全问题值得关注和研究。

超细粉末是国民经济的基础原材料，我国现代制造业的进步亟须基础材料行业的产业技术提升。随着纳米概念的普及，超细粉末的研究和应用已经涵盖整个制造业，PM2.5 概念使得环境保护的重要性也日益凸显，因此超细粉末也越来越多地渗透到日常生活中。

第三节　超细粉末工程研究的内容

超细粉末物质种类繁多，应用各异，超细粉末工程研究的主要任务是从中抽提共性的原理，从工程学角度通过数学模型方法，分析和解决生产和应用过程各种单元操作的共性技术问题，在理性基础上，使这些操作过程得以有效控制和顺利进行。本书将围绕这个主题展开，重点讨论超细粉末或超细颗粒的基本特征，以厘清哪些性质是超细粉末的共同特性，生产与应用中粉体基本特性如何衡量和控制，过程设备类型与粉体特性之间的关系；超细粉末基本特性与相关的单元操作规律，主要涉及过滤、干燥、解聚、沉降、分级、混合、分散、包装等操作过程中颗粒特性和颗粒分散体的行为，粉体制备和应用中超细颗粒悬浮液的流变学性能与颗粒特性的关系。讨论中尽量采用超细粉末生产实际和应用的实例。

超细粉末比表面积较大，与粗颗粒粉体的特性在微观上具有本质的区别，在宏观上表现出与粗颗粒不同的堆积行为和流变学形态，颗粒之间的烧结随着颗粒度的减小也更加易于进行，类似于仿生的表面双亲的纳米结构材料与颗粒的表面特性和介观结构相关。从这个角度看，颗粒表面性质在超细粉末范畴内显得十分重要。因此，与表面性质相关的电荷、表面张力、表面吸附等基础概念是超细粉末工程的共性基础知识，也将在相关章节中进行讨论。

第二章　超细粉末的颗粒特征

　　超细粉末颗粒群的基本单元是一次颗粒，一次颗粒通常呈现为单晶、多晶或无定形的，或者是多种晶态的组合，可能构成硬的聚集体或者烧结连体。一次颗粒附着在聚集体上形成附聚体，附聚体在分散介质中易于再次分散为一次颗粒，而聚集体破碎为一次颗粒需要较大的能量。

　　超细颗粒的基本特征可以归纳为四点：颗粒尺寸、尺寸分布、形貌和表面性质。此外，超细颗粒的光学性质、电性质、动力性质和磁性等其他性质将分别叙述。

第一节　颗粒平均尺寸的表示方法——等球模型

　　迄今为止，表示颗粒尺寸的方法以及对应的测试方法有数百种，那么如何描述颗粒群的特征尺寸？颗粒尺寸的表征是当今热门的一项科学技术，在如何用一个参数表示颗粒群平均尺寸的方法中，等球模型是其中最为实用的模型方法，等球模型已经足够用于描述颗粒群的平均尺寸。以笔者愚见，颗粒群的特征尺寸，从实用观点看，在微观和宏观上均可以代表颗粒群的平均尺寸的特性了。

　　所谓等球模型，是指用唯一的一个颗粒群的可测变量，将单位质量或者单位体积的粉体等价于由当量直径 D_x 的有限个数的球形颗粒。D_x 称为颗粒群的等球当量直径，是表示颗粒群基本特征的重要参数之一，用于表示该颗粒群的平均尺寸。换句话说，这种可测变量实际上也是该颗粒群的平均尺寸的一种度量方式，只不过用等球当量直径更为形象和简便。当然，对于化学法合成的大多数超细粉末产品，其颗粒群尺寸的分布相对较窄，且颗粒的外形趋向于球、类球形或者立方形。对于非球形颗粒及其颗粒群的平均尺寸的表述，工程上主要采用以下几个等当量直径。

（1）体积当量直径

使当量球形颗粒的体积（$\pi D_V^3/6$）等于实际颗粒体积 V_P（m^3），故体积当量直径定义式[1]见式（2-1）：

$$D_V = \sqrt[3]{\frac{6V_P}{\pi}} \qquad (2-1)$$

（2）比表面积当量直径

使当量球形颗粒的比表面积（$\pi D_S^2/(\pi D_S^3/6)=6/D_S$）等于实际颗粒的比表面积 S（m^2/m^3），则表面积当量直径定义式见式（2-2）：

$$D_S = \frac{6}{S} \qquad (2-2)$$

大多数仪器测试提供的比表面积数据是单位质量比表面积，例如，m^2/g。在应用式（2-2）时需要用粉体的真密度进行换算。

（3）表面积当量直径

使当量球形颗粒的表面积（πD_A^2）等于实际颗粒的表面积 A（m^2），则表面积当量直径定义式见式（2-3）：

$$D_A = \sqrt{\frac{A}{\pi}} \qquad (2-3)$$

测量的精度和偏差是可测变量选择的主要原则，从实用角度出发，还应该快速和经济。对于超细粉末而言，笔者推荐采用比表面积作为可测变量，主要的原因是超细粉末的大多数特性表现为较大的表面积，其他理由将在后续的讨论中补充。

对于大多数涉及干燥操作获得的超细粉末产品，实际测量得到的表面积或比表面积代表了颗粒之间的硬团聚状态下的数值，不难想象，团聚会导致粉体产品的比表面积下降。对于类似球形的颗粒，下降的程度轻微，而对于立方体或者面接触团聚的颗粒，硬团聚对比表面积下降的影响是最为显著的。例如用氮吸附法测得立方体超细活性碳酸钙（密度 $\rho_P = 2500kg/m^3$）比表面积为 30 m^2/g，由此计算其比表面积当量直径为 0.08μm 或 80nm，这个等价计算结果，通常大于电子显微镜照片测量的颗粒度平均值（约 50nm）。这个结果说明，颗粒中存在一定的硬团聚结构。有关硬团聚结构表征方法和颗粒群其他可测变量的等价模型将在相关章节中介绍。

第二节　颗粒度分布

已经有很多数学模型用以表述颗粒度分布，尚没有一个模型是万全的。也就是说，没有一个完整的理论模型可以完全表述颗粒群的颗粒尺度分布特性。

对于气相合成法和液相合成方法制备的超细粉末，颗粒度分布相对较窄，通常可以采用正态分布模型较好地拟合颗粒度分布，该模型的主要参数是平均粒度 D 和标准偏差 σ（$\sigma = \sqrt{\sum_{i=1}^{n} f_i(D_i - D)^2}$。标准偏差 σ 与平均粒度 D 的除数（无量纲）称为相对标准偏差，表示相对于平均颗粒 D 的分布宽度。相对标准偏差越小，分布越窄。相对标准偏差为 0 时为均一颗粒体系，均一颗粒体系可以作为颗粒标准样品，市场上提供的产品绝大多数为非均一颗粒。其中 f_i 与颗粒度测量方法有关，可以是 D_i 粒度的个数频率或其体积分数（或其质量分数）。

正态分布密度函数表达式见式（2-4）：

$$f(D_i) = \frac{1}{\sigma\sqrt{2\pi}}\exp\left[-\frac{(D_i - D)^2}{2\sigma^2}\right]$$ (2-4)

其物理意义是颗粒度为 D_i 的颗粒在颗粒群中占有的密度或者概率。正态分布曲线在均值两边对称分布，如图 2-1 所示。显然，颗粒群全分布的累积值具有归一性，即曲线下的面积之和为 1，其表达式见式（2-5）：

$$\int_0^\infty f(D_i)\mathrm{d}D = 1$$ (2-5)

相应地，颗粒度介于 $D_1 \sim D_2$ 之间的份数见式（2-6）：

$$\int_{D_1}^{D_z} f(D_i)\mathrm{d}D$$ (2-6)

物理粉碎方法获得的超细粉末则大多数更符合对数正态分布，见式（2-7）：

$$f(D_i) = \frac{1}{\log\sigma\sqrt{2\pi}}\exp\left[-\frac{(\log D_i - \log D)^2}{2\log^2\sigma}\right]$$ (2-7)

式中，标准偏差的对数 $\log\sigma = \sqrt{\sum_{i=1}^n f_i(\log D_i - \log D)^2}$。

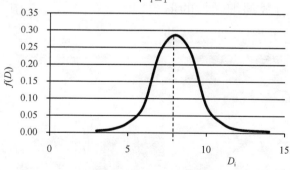

图 2-1　正态分布曲线

超细颗粒的粒度分布可以采用电子显微镜照片、激光粒度分布、移液管粒度分布分析等方法得到粒度分布数据或者粒度分布曲线。对于电子显微镜照片，颗粒尺寸通常选取其长度方向和宽度方向的平均值，并对样本求和。按照相关的国家标准，样本的数量应大于 100 个颗粒。

现有市售的激光粒度仪适合于测量亚微米级以上颗粒的分布，对于纳米级范围内超细颗粒的粒度分布也可以采用电位测量仪器测量。

粉体行业常用的筛分分析方法（用筛网目数对应的筛余物）对超细粉末的颗粒度表征是不适用的。因而，对于超细粉末产品不宜用目数表示其平均尺寸。

第三节　颗粒形貌

颗粒形貌有别于颗粒形态，所谓颗粒形貌注重于颗粒的形状，而颗粒形态除了考虑颗粒的形貌，还需要考虑到颗粒的结晶形态，同时可能还涉及表面缺陷状态等。

在大多数与颗粒形貌有关的物理模型中，通常用圆球作为理想的颗粒模型。事实上，超细颗粒的多数产品并非是光滑的圆球，典型的合成超细颗粒的形貌如图 2-2 所示，其中二氧化硅具有相互团聚的结构，形成链球。

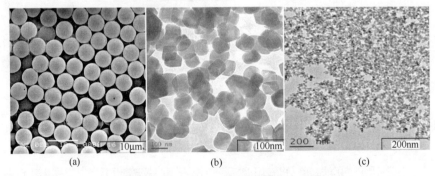

图 2-2　合成超细颗粒的典型形貌

(a) PMMA 微球（标尺为 10 μm）；(b) 立方体碳酸钙（标尺为 100nm）；
(c) 链球型二氧化硅（标尺为 200nm）

为了表征超细颗粒的形状偏离圆球的程度，工程上常采用球形度概念。球形度 ψ 的定义为：等球体积的表面积（πD_V^2）与非球形颗粒实际颗粒表面积（πD_A^2）之比[1]，即

$$\psi = \frac{\text{等球体积的表面积}}{\text{非球形颗粒表面积}} = \frac{\pi D_V^2}{\pi D_A^2} = \left(\frac{D_V}{D_A}\right)^2 \qquad (2\text{-}8)$$

按上述定义与当量直径的定义，各个当量直径与球形度之间的关系见式（2-9）：

$$D_S = \psi D_V = \sqrt{\psi^3}\, D_A \qquad (2\text{-}9)$$

因为球形颗粒的表面积最小，故 $\psi \leqslant 1$，所以：

$$D_S \leqslant D_V \leqslant D_A \qquad (2\text{-}10)$$

球形颗粒的球形度为 1，其他规整颗粒的球形度可以应用式（2-8）的定义计算。例如对于边长为 x 的正六面体（立方颗粒），表面积为 $6x^2$，等体积球的表面积为 $\pi x^2\left(\dfrac{6}{\pi}\right)^{2/3}$，故立方颗粒的球形度为 $\left(\dfrac{\pi}{6}\right)^{1/3} = 0.806$。同样的，可以计算两个球形颗粒的点烧结连体的球形度为 0.793，高径比为 10 的圆柱体的球形度为 0.580，直径/厚度比值为 10 的圆盘型颗粒的球形度是 0.472。

从以上简单计算，可以引出一般性的结论：

（1）超细颗粒形貌偏离球形越大，比表面积越大。

（2）聚集体的球形度必定小于其一次颗粒的球形度。

第四节　超细颗粒的表面性质与表面改性

超细颗粒的表面性质是块状材料和粗粉不具有的特性，表面性质的本质是大量表面分子之间的作用力与内部分子之间的作用力不对称及其表面分子与介质之间的作用力不对称，从而在表面聚集了表面能，宏观上表现出吸附、极化、微粒子之间的附着和

团聚、界面张力、反应活性和表面电荷等。

除了静电作用力、毛细管作用力和磁性作用力之外，超细颗粒大量表面分子近程的范德瓦尔斯力是颗粒表面性质中重要的作用力。范德瓦尔斯力可以解释晶核与结晶过程、超细颗粒之间的近程作用以及固体表面的吸附现象。

分子间范德瓦尔斯力有偶极取向、诱导和色散三种。二偶极分子的固有偶极使得同极相互排斥，异极吸引相互吸引，分子定向排列，产生分子间取向力，离子键结合的分子其取向力占主导，例如多数半导体陶瓷材料以分子取向力为主。非极性分子在极性分子的固有偶极作用下发生极化，产生诱导偶极，诱导偶极与固有偶极分子间相互作用力称为诱导力。非极性分子之间，分子中电子运动产生瞬间偶极，瞬间偶极间的作用力称为色散力。分子物理学实验证明，对大多数分子来说，色散力是主要的；只有偶极矩很大的分子（例如水），取向力才是主要的；诱导力通常是很小的。极性分子间有色散力、诱导力和取向力；极性分子与非极性分子间有色散力和诱导力；非极性分子间只有色散力。可以根据有关分子间的相互作用常数，初步判断材料表面范德瓦尔斯力的来源，这也是表面改性剂设计和颗粒设计的理论基础。

超细粉末制备过程中大多涉及表面处理，表面处理的目的是改变颗粒的表面性质，因而也称为表面改性，也是降低超细粉末干燥团聚的主要方法。

表面处理的作用机理，一是降低颗粒表面的自由能，也即在新生表面上引入其他表面张力较小的吸附物质，降低表面张力或者改变表面的相对亲水性，多数表面改性剂是基于这一类物理吸附的原理。

二是在颗粒表面反应接枝或者沉淀包覆某种隔离层物质或者形成核壳结构，使表面电位或化学性质发生变化，例如用偶联剂与颗粒表面反应的方法处理纳米二氧化硅，提高二氧化硅在硅酮胶中的分散性，钛白粉表面包覆氧化锆或二氧化硅用于提高钛白粉的耐候性，碳酸钙表面包覆二氧化硅以提高碳酸钙的耐酸性[2]，金属铁粉表面原位生成石墨包覆层以防止金属粉末的氧化并防止颗粒的磁性团聚[3]等。

三是用纳米级颗粒附着在颗粒的表面以改变颗粒的流动性，例如食品工业中常用抗结剂以防止颗粒结块，如咖啡粉中添加纳米级二氧化硅以改善咖啡粉的流动性；又如工业陶瓷领域经常采用少量的纳米级添加剂处理陶瓷原料粉体，以降低烧成温度，或是抑制结晶长大。

参考文献

[1] 陈敏恒，丛德滋，方图南，等. 化工原理（上册）[M]，第三版. 北京：化学工业出版社，2006，第四章.

[2] 陈雪梅，马翠翠，陈刚，等. 一种超细碳酸钙复合粒子的制备方法：中国，200910195685.9[P]. 2013-5-29.

[3] 吴秋芳，曹宏明，宣绍峰，等. 一种炭包覆的磁性超细铁颗粒及其制造方法：中国，200510029968.8[P]. 2009-7-22.

第三章　超细颗粒之间的作用力

第一节　颗粒间范德瓦尔斯力

荷兰科学家 Hamaker 按照势能叠加原理计算分子间近程作用力，类似地，可得两个近程中心距为 Z 的球形颗粒间的范德瓦尔斯力：

$$F_v = -\frac{A}{12Z^2} \times \frac{d_1 d_2}{d_1 + d_2} \tag{3-1}$$

式中　A——Hamaker 常数，与材料性质（分子密度和作用势能曲线）、环境有关，典型数据见表 3-1。

　　　——相互吸引力。

从式（3-1）可见，颗粒之间的范德瓦尔斯力与颗粒大小成正比，与颗粒间距离的平方成反比。

表 3-1　一些颗粒在真空和水中的 Hamaker 常数

颗粒-颗粒	Hamaker 常数/eV	
	真空	水
Au-Au	3.414	2.352
Ag-Ag	2.793	1.853
Cu-Cu	1.917	1.117
合金-合金	1.872	—
C-C	2.053	0.943
Si-Si	1.614	0.833

颗粒-颗粒	Hamaker 常数/eV	
	真空	水
MgO-MgO	0.723	0.112
KCl-KCl	1.117	0.277
CdS-CdS	1.046	0.327
Al_2O_3-Al_2O_3	0.936	—
H_2O-H_2O	0.341	—
PS-PS	0.456	0.0263

对于不同材料的颗粒，Hamaker 常数取各自的几何平均值，例如二元体系，$A_{12}=\sqrt{A_{11}A_{12}}$。对于等颗粒直径（$d_1=d_2$）和颗粒与平面之间（$d_2\to\infty$）的情形时，式（3-1）简化为式（3-2）：

$$F_v = -\frac{AD}{24(D+s)^2} \tag{3-2}$$

式中　s——颗粒表面之间的距离；

　　　D——颗粒直径。

对于超细颗粒干燥粉体，在估算范德瓦尔斯力时，通常取两个颗粒的表面间距为 0.4nm，这个数值相当于多分子吸附层厚度的二分之一。例如粒径为 0.03 μm 的氧化铝颗粒，在真空中的范德瓦尔斯力估算值为 2.03×10^{-13} N。

颗粒吸附气体后的范德瓦尔斯力 F_a，通常大于其在真空中的数值：

$$F_a = F_v = 1+\frac{2B}{AZ} \tag{3-3}$$

式中　B——气体吸附常数，与气体和颗粒分子的本征特性有关。通常地，颗粒在大气环境中的范德瓦尔斯力大于在真空中的，颗粒所处气氛环境对超细颗粒间的范德瓦尔斯力的影响是非常显著的。

在干粉堆积等紧密堆积的情况下，应该是多个颗粒相互作用，颗粒间作用力大致是两个颗粒间作用力的 5～10 倍。

在已有的 Hamaker 常数的理论计算方法中，最为简单的情形是两个颗粒 1 和 2，在连续相介质 3 中的相互作用[1]：

$$A = \frac{3k_BT}{4}\left[\frac{\varepsilon_1-\varepsilon_3}{\varepsilon_1+\varepsilon_3}\right]\left[\frac{\varepsilon_2-\varepsilon_3}{\varepsilon_2+\varepsilon_3}\right] +$$

$$\frac{3h\nu_e}{8\sqrt{2}}\frac{(n_1^2-n_3^2)(n_2^2-n_3^2)}{\sqrt{n_1^2+n_3^2}\sqrt{n_2^2+n_3^2}(\sqrt{n_1^2+n_3^2}+\sqrt{n_2^2+n_3^2})} \qquad (3\text{-}4)$$

式中　ε——介电常数；

n——折射率；

k_B——波尔兹曼常数（1.38×10^{23}J/K）；

h——普朗克常数（6.626×10^{-34}J·s）；

ν_e——连续相介质在紫外区的主吸收频率（1/s）。

由式（3-4）可知，对于同种颗粒之间（即 $\varepsilon_1=\varepsilon_2$，$n_1=n_2$），总是相互吸引的（$A>0$）；对于异种颗粒之间的范德瓦尔斯作用力，取决于悬浮体系的性质，可能是吸引，也可能是相互排斥。对于大多数悬浮液体系，颗粒之间的范德瓦尔斯作用力通常是吸引力。对于单一矿物相的矿物加工过程以及两相流体系（例如浮选），当 $n_1>n_2>n_2$ 时，范德瓦尔斯作用力是相互排斥力（$A<0$）。有关无机物质的 Hamaker 常数以及更为复杂的计算可以参考文献[2]。

第二节　毛细管力

在超细粉末过滤、干燥、造粒过程中，均会涉及超细颗粒空隙中的毛细管现象，例如滤饼中毛细管上升现象，在产品储存过程中普遍存在毛细管冷凝和收缩现象。毛细管冷凝量在活性炭成型载体或催化剂载体等超细颗粒介孔材料中占有重要的份额，例如某种 BET（比表面积）为 $400m^2/g$ 的蜂窝活性炭，其毛细管冷凝量可以达到 20%（质量分数）。本节重点讨论干燥过程中毛细管力的作用。

在干燥的后期阶段，颗粒间毛细通道中液体产生毛细管压力，这种毛细管压力通常是负压力，产生颗粒间吸引力，而导致滤饼收缩，直至达到如图 3-1 所示的接触状态。

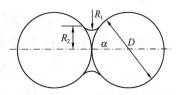

图 3-1　颗粒接触缩径毛细管

根据 Young-Laplace 公式，构成毛细管的两个曲面（曲率半径为 R_1 的弯月面和曲率半径为 R_2 的凸面）上附加的毛细管压力为：

$$\boldsymbol{p}_s = \sigma\left(\frac{1}{\boldsymbol{R}_1} + \frac{1}{\boldsymbol{R}_2}\right) \tag{3-5}$$

式中　黑体——矢量；

　　　$\boldsymbol{R}_1$——取正值；

　　　$\boldsymbol{R}_2$——取负值；

　　　σ——液体表面张力（N/m）。

因此，对于图 3-1 弯月面情形，当 $R_1 < R_2$，附加压力为正值，表示液体内部为负压（相对于系统环境压力），也即施压在两个颗粒之间的毛细管压力是相互拉近的力。这个毛细管力作用于半径为 R_2 的圆形断面 πR_2^2 上，则该力的标量计算可以用式（3-6）表示：

$$F_s = \pi R_2^2 \sigma\left(\frac{1}{R_1} - \frac{1}{R_2}\right) \tag{3-6}$$

同时，液体表面张力产生的颗粒间拉力作用在圆周 $2\pi R_2$ 上，其值为 $\pi R_2 \sigma$。对于等球颗粒，两个颗粒间的毛细管附着力为这两个力之和[3]，见式（3-7）：

$$F_c = \pi R_2^2 \sigma \left(\frac{1}{R_1} - \frac{1}{R_2} \right) + 2\pi R_2 \sigma = \pi R_2 \sigma \left(\frac{R_1 + R_2}{R_1} \right)$$

$$\cong \frac{\pi D \sigma}{1 + \tan \frac{\alpha}{2}} \tag{3-7}$$

当接触角为零时（完全润湿），（3-7）等式成立。

举一个例子看看毛细管力有多大。设水的表面张力为 $\sigma = 0.074 \, \text{N/m}$，圆球颗粒直径为 $0.3 \mu m$，其真密度为 3000kg/m^3，$\alpha \approx 30°$，用式（3-7）可计算得到两个颗粒间毛细管附着力为 $4.84 \times 10^{-7} \text{N}$，计算单个颗粒的重力为 $4.16 \times 10^{-16} \text{N}$。由此可见，与毛细管力和范德瓦尔斯力相比较，超细颗粒的重力作用可以忽略不计。

如果在水中添加少量的活性剂或者采用其他溶剂以降低液相的表面张力，可以有效地降低毛细管附着力。对于大多数液相法合成的纳米级产品，大多采用表面包覆处理的方式以防止颗粒之间的团聚，包覆物质通常会改变颗粒表面的电荷性质和表面张力，并为产品应用提供增益，至少不会产生负面作用。

从以上简单例子可见，对于超细颗粒而言，颗粒间远程时，作用力大小依次为：毛细管力＞范德瓦尔斯力＞重力。近程时，范德瓦尔斯力最大。

当两个颗粒接近且为面接触时，范德瓦尔斯力将使两个颗粒成为硬团聚体。在干燥等操作过程中，毛细管附着力使颗粒之间相互趋向合并，是导致超细颗粒滤饼收缩开裂的主要因素，也是引起硬团聚的外力因素。而在造粒过程中，为了获得更好的团聚体颗粒强度，通常在粗颗粒中添加微细粒子，一方面减小了毛细管通道尺寸，另一方面也可以有效地降低液相体积比。

式（3-5）毛细管压力是基于图 3-1 的平面模型，事实上，颗粒堆积床层中的毛细管通道是曲折连通的三维结构，对此，工程上采用突破压的概念评价床层中毛细管压力，详细内容将在第八章中讨论。

有关超细颗粒的表面电荷和静电排斥力将在第七章讨论。

第三节　磁性作用力

磁性材料按照其磁化后去磁的难易程度区分为硬磁性材料和软磁性材料。前者具有较大的矫顽力，在磁化后有较大的剩余磁化强度，例如常见的铁、钴、镍、钕及其合金等永磁材料。相反地，软磁性材料的矫顽力很小，能很快磁化，但也很快退磁，也即其剩余磁化强度较低，例如大多数铁氧体材料。

磁性材料的超细颗粒在磁场作用下更易于被磁化，当颗粒度小于磁畴时更是如此，磁化后颗粒之间具有附加的磁性作用力。这种作用力来自微小颗粒中的磁矩定向吸引作用。两个等体积的磁性颗粒之间的磁性吸引力 F_m 与其中心距 Z 的四次方成反比，见式（3-8）：

$$F_m = -\frac{2M^2V^2}{Z^4} \tag{3-8}$$

式中　V——单个颗粒的体积；

M——颗粒的磁化强度（A/m）。

磁性材料的磁化强度是与磁场强度有关的变量，并与磁性材料的磁化性能（饱和磁化强度、剩余磁化强度、矫顽力、磁导率等）有关[4]。

第四节　超细颗粒的团聚状态

超细颗粒生产过程中，普遍存在范德瓦尔斯力、磁性力和毛细管作用力，颗粒之间的团聚是必然的，不团聚是偶然的。团聚的状态可以分为软团聚和硬团聚两种。团聚状态除了与表面处理有关外，还与一次颗粒的大小和形状有关。颗粒度越小，团聚的趋势越大。球形颗粒大多为点接触，立方体颗粒最大可能的是线接触或面接触，其他形状的介于这两者之间。钛白粉、α－氧化铝等煅烧的中间体产品大多数是硬团聚体。非烧结接触的情形下，球形颗粒的团聚可以归类为软团聚，而立方体颗粒之间的团聚通常呈现硬团聚的状态。对于针状或类似纤维类的微细颗粒物，集束状线接触的通常可以归类为硬团聚状态，例如凹凸棒土。

参照国家标准《纳米碳酸钙》（GB/T 19590—2011），团聚体的大小可以用团聚指数 T 定义，见式（3-9）：

$$T = \frac{D_{agg}}{D} \tag{3-9}$$

式中　D_{agg}——团聚体的平均尺寸，通常用透射电子显微镜或激光粒度仪测试得到的平均粒度表示。

　　　　D——一次颗粒的平均粒度，用透射电子显微镜照片一次颗粒度或 XRD 线宽化法晶粒度（对结晶型颗粒适用，无定形的不适用）表示。

团聚体中硬团聚指数 T_H 则可以采用式（3-10）表示：

$$T_H = \frac{\psi S_0}{\psi_0 S} \tag{2-10}$$

式中　ψ——团聚体颗粒的球形度；

　　　　S——实际颗粒群的比表面积（m^2/m^3）；

　　　　ψ_0——一次颗粒的球形度；

　　　　S_0——按照一次颗粒的平均粒径 D 由式（2-2）计算得到的一次颗粒的比表面积。

硬团聚指数和团聚指数的比值代表硬团聚体在团聚体中的分数。除了上述方法表征团聚体的比例之外，超细颗粒悬浮液流变学测量也是更为有效的方法（参见第十章）。

超细颗粒的硬团聚体，采用通常的机械粉碎方式，是无法使之拆散的，比较有效的解聚方法是采用化学方法，例如在液相中调节体系的电荷，并且施加一定的外力（机械力）；而超细颗粒的软团聚体则比较容易用机械力或流体曳力解聚。

第五节　干燥类型与产品团聚的关系

一次颗粒平均尺寸小于 $1\mu m$ 的超细粉末产品涉及干燥过程时，在优化的制造工艺条件下，干燥类型是影响产品团聚结构的决定性因素。工业上采用的干燥类型主要有对流干燥、喷雾干燥、间壁传热干燥、冷冻干燥和红外线干燥，这五类干燥形式的能耗依次升高。

对流干燥是以热空气等湿含量低的热气流与湿物料对流接触，对流传热给湿物料，气流中的水汽（或其他溶剂）分压低于物料表面湿分的分压，湿物料表面的湿分因汽化而被气流带出，内部的湿分由毛细管通道相继扩散到表面，最终得到干燥产品。对流干燥属于热质同时传递的干燥过程，因其热效率高而备受工业界重视，业已应用的干燥器的形式也是最多的。属于对流干燥的干燥器主要有：箱式干燥器（有连续干燥和间歇干燥两种操作方式）、转筒式干燥器、管式气流干燥器、振动流化床干燥器、惰性球流化床干燥器、旋转式气流干燥器等。

喷雾干燥从其原理来看应归类于热质同时传递的对流干燥，将悬浮液泵送至雾化器使其分散成细粒或细滴（通常在 $10\sim100\mu m$ 之间）于热气流中，是现有干燥形式中热质传递和汽化面积最大的，物料在干燥器内停留时间分布较窄，干物料具有很好的流动性。但是，与其他对流干燥方式相比较，喷雾干燥因需要汽化较多的湿分，单位产品的干燥能耗也是对流干燥中最大的。

间壁传热干燥主要适用于防止空气接触氧化的物料或者接触氧易于爆炸的体系，湿分借间壁传热并在减压或者抽真空条件下得以汽化。超细粉末行业已应用的连续操作的间壁转热干燥器有螺旋桨叶干燥器和盘式干燥器。间壁传热干燥器易于实现减压操作。

冷冻干燥是将湿物料预先冷冻至湿分的冰点以下，然后系统抽真空，固态湿分直接升华变为气相而实现干燥的目的。工业上主要用于生物制品与热敏性物料的干燥。

红外线干燥主要用于薄层表面干燥，例如油漆烘烤、印刷油墨的干燥，在超细粉末行业尚未见应用。

为了获得易于分散（较少硬团聚体）的超细粉末产品，干燥器类型的选择应遵循以下选型原则：

（1）尽可能地增加传质表面。使湿物料分散成为微小单元，不仅增加气固两相接触表面，而且大大缩减了毛细孔内部湿分的扩散距离，从而提高干燥速率且显著降低硬团聚体的比例。按照此原理设计的干燥器有喷雾干燥器、管式气流干燥器和旋转式气流干燥器。其中，喷雾干燥器所得粉体产品的分散性能最好，在沉淀白炭黑和工业陶瓷原料粉的生产中得到广泛应用，但是干燥能耗也较高。管式气流干燥器适合于可以被高速气流吸入的粉体物料，例如 PVC 悬浮液离心脱水后的湿料以及连续网带式干燥器等初步干燥后的含湿粉体。通常地，滤饼在铺到网带上之前需要预先挤压成细条状，一方面提高干燥面积，另一方面降低气流通过物料床层的阻力。旋转式气流干燥器适合于超细粉末滤饼的干燥，滤饼经干燥器中的旋转刀具拆散成小块，与切向进入的高温热风接触，小块表面干燥了的颗粒被带入旋转上升的气流中。

（2）动态优先原则。干燥过程中对湿物料施加剪切力，使湿物料与气相接触的表面动态更新，是缩减毛细孔内部湿分扩散距离的有效手段。按照此原理设计的干燥器有旋转式气流干燥器、惰性球流化床干燥器和转筒式干燥器。这三者均适合于超细粉末滤饼的干燥，相比较，转筒式干燥器的剪切力最弱。转筒式干燥器大量用于普通轻质碳酸钙的和煅烧高岭土的生产。惰性球流化床干燥器在亚微米级无机颜料的生产中应用较多。纳米级粉体产品的干燥则大多采用旋转式气流干燥器，并发展了浆料与滤饼可以兼容的、干燥与表面处理一体的、干燥与解聚以及分级综合的多种改良类型。

参考文献

[1] Israelachvili J N. Intermolecular and Surface Forces[M]. 2nd ed. London：Academic Press，1992.

[2] Bergström L. Hamaker constants of inorganic materials[J]. Advances in Colloid and Interface Science，1997，70：125-169.

[3] 陆厚根. 粉体工程导论[M]. 上海：同济大学出版社，1993：63-64.

[4] 都有为，罗河烈. 磁记录材料[M]. 北京：电子工业出版社，1992，第二章.

第四章　超细颗粒的堆积

在超细粉末生产线的颗粒输送、打散和包装现场，经常可以看到超细粉末的流动、压缩等流体现象。从流体到相对固定的堆积状态，超细粉末堆积床层经历了重力压缩与排气过程。粉体储存、输送、包装等工程装备需要根据粉体的堆积性能来设计，超细粉末的堆积性能是颗粒特性的外部表现。以下主要讨论超细粉末的堆积性能与颗粒特性的关系。

第一节　视密度和振实密度

干燥和经过打散处理的超细粉末，从压缩排气过渡到自然堆积状态，所需要的时间与颗粒的温度和颗粒特性有关。在没有外力作用下，可能需要 24h 以上才能达到视密度。所谓视密度通常指包装堆积密度，也称堆积密度（bulk density），记作 ρ_b。如果没有考虑外力和排气措施，按照视密度设计的纳米颗粒产品包装机械在生产线上的包装产能通常在设计产能的 30% 以下。

对干粉末颗粒群施加振动等外力后，达到极限堆积密度，称为振实密度（tap density），记作 ρ_T。颗粒平均尺寸越小，其视密度也越小，而且视密度与振实密度的差值也越大，这主要由于颗粒度越小，表面积越大，颗粒表面吸附气体量就越多；球形度越小的超细颗粒，其视密度和振实密度也越小，两者差值也越大。因此，视密度和振实密度是与超细颗粒尺寸、形貌及其尺寸分布和干燥程度（含水率）有关的可测量的宏观特性之一，也是超细粉末产品生产与应用最常用的质量控制参数。

视密度与振实密度的比值（一般小于等于 1）可以视作超细粉末可压缩性的衡量指标。粉体的包装密度越大，单位质量产品的包装体积越小，不仅可以节约包装材料，同时可以显著地节省纳米材料的储运成本。因此，包装密度以及包装速度是纳米材料包装机选型的主要经济技术指标。对于纳米材料而言，除了材料本身的颗粒特性之外，包装速度主要取决于包装机械的排气能力、振动强度以及包装之前粉体的储存压缩情况。已经开发的纳米材料包装机中包装效率最高的当属粉体在入袋之前进行高频率振动密实化的机器类型，振动密实化加快速脱气的包装机是解决国内纳米材料行业包装粉尘的关键设备。

为了准确监测干燥粉体产品的堆积特性，建议采用振实密度，理论上振实密度是颗粒群的本征特性之一。后面两节将讨论振实密度与堆积特性的关系，以及堆积指标与颗粒特性之间的关系。

干燥粉体的堆积行为与液态介质中颗粒的分散状态是两种性质不同但又相互关联的堆积状态。干燥粉体达到振实密度时的堆积是团聚体（硬团聚＋软团聚）与一次颗粒之间的堆积，下列三个因素导致干燥粉体无法紧密接触：一是团聚体尤其是软团聚体大大降低了颗粒的紧密堆积程度；二是超细颗粒表面静电对抗紧密堆积，这种表面电荷除了物质本性，大多来自于颗粒输送过程中的摩擦电荷；三是颗粒表面吸附气体层也对抗紧密堆积。颗粒在液态介质中达到紧密堆积时（此时颗粒之间的空隙完全被液体填充，为非流动的黏弹性固体），下列两个因素使得颗粒更利于紧密堆积：一是颗粒之间存在毛细管附着力使趋向紧密堆积；二是比振动能更大的外力（例如吸油值试验时的研磨剪切力或流体剪切力）使软团聚体解体而大大减少了其间的空隙。此时，颗粒表面的气体吸附层被液体吸附层所替代，颗粒表面的电荷密度与气体中不同，这也是导致干粉堆积与液体中紧密堆积产生差异的因素。

振实密度的测试方法要点：

（1）容器内径不小于 40mm，装入粉体后应该有一个盖子。通常，采用 500mL 容量的量筒即可。容器内径过小，团聚体存在下靠壁架桥影响数据的重现性。

（2）跌落振幅不小于 30mm 且规定一个恒定的值。

（3）容器体积应该预先用液体计量校正，振实后粉体体积的测量可以采用各种可行的测量方法。

（4）振动次数与具体产品有关，根据试验结果，依照振实密度与振动次数关系确定。通常不少于 100 次，最多不超过 1000 次。

（5）试样的数量采用称重的方法予以规定，合适的试样数量应使得振实后的堆积高度值与内径相当。

在此提醒读者，振实密度的现有国家标准和测量仪器对以上要点的要求还有差异。

因此，振实密度视作干粉颗粒群最紧密堆积状态。在陶瓷等生产过程中，一些工艺采用加压密实，可以使颗粒的堆积密度有所上升。但当压力足以使颗粒变形或破碎时，干粉堆积因素则发生质变。极端的例子是，陶瓷生坯经过烧结变形后可以达到其理论密度，此时孔隙率接近零。

第二节　均一颗粒的堆积

所谓均一颗粒是指颗粒度分布的相对偏差为 0 的颗粒群。这种体系多见于亚微米级以下的聚合物微球以及玻璃球等非超细颗粒，绝大多数超细粉末产品是多元颗粒的聚合体，即存在颗粒度分布。

堆积因数指单位体积的颗粒-基料-空气混合堆积体内颗粒的体积分数，也称为填充率。设 V_p、V_b、V_a 分别为颗粒体积、基料体积和气相（空隙，通常为空气）体积，则颗粒堆积体中颗粒堆积因数 ϕ 和孔隙率 ε 的关系为：

$$\phi = \frac{V_p}{V_p + V_b + V_a} \tag{4-1}$$

$$\varepsilon = 1 - \phi \tag{4-2}$$

所谓基料是泛指，可以是水、溶剂、树脂等非气相物质，在陶瓷流延膜和涂料应用中通常指高分子类胶粘剂或难以挥发的物质。颜料等粉体产品通常是指无基料的情况（$V_b = 0$；气相为空气，其密度为 $1\text{kg}/\text{m}^3$）。

对于粉末产品，颗粒群达到极限堆积时，干粉极限堆积因数 ϕ_T 与振实密度 ρ_T 的关系为：

$$\phi_T = \frac{\rho_T}{\rho_p} \tag{4-3}$$

式中　ρ_p——颗粒（包括可能存在的包覆剂）的真密度。例如，碳酸钙的真密度约为 $2700\text{kg}/\text{m}^3$，而某商品纳米碳酸钙的真密度（包括包覆剂）约为 $2490\ \text{kg}/\text{m}^3$。

对于均一球形颗粒，可以采用理论堆积模型计算，得到理论堆积因素。均一圆球有两种堆积模型，六面体（松散的）堆积方式（$\phi = \pi/6 = 0.524$）和四面体或菱形体（紧密的）堆积方式（$\phi = \sqrt{2}\pi/6 = 0.740$）。对于同一尺寸的球体随机任意堆积，其堆积因数的数学解为 0.639，称为理论最大堆积因素（ϕ_m），其数值与正六面体和四面体排列的理论堆积因数的平均值（0.632）相近。

球形度（ψ）越小，ϕ_m 值也越小，表示颗粒形状越偏离球形，随机紧密堆积后的空隙越大。

上述理论堆积因素并没有涉及颗粒之间的相互作用以及气体吸附层等因素，也即将此均一颗粒认作是惰性的。事实上，颗粒粒径越小，表面缺陷之晶格所占比例也越高，或比表面积与粒径成反比，表面吸附气体分子层对总空隙的贡献比例也相应增加，所以超细颗粒产品其干粉极限堆积因素 ϕ_T 远小于理论最大堆积因素 ϕ_m，颗粒度越小，其差值也越大。然而在液体中超细颗粒相对易于达到理论堆积因素。

对于表面包覆或者填充树脂等情况下，直径为 D 的圆球颗粒之间形成屏障间隔或者静电排斥屏障，超细颗粒内核为非直接接触。设该屏障间隔的间距为 s，此时的颗粒中心距为 Z，则有 $Z=D+s$。对于

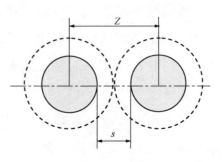

图 4-1　吸油值厚度示意图

包覆层或吸附层厚度为 a 时，则 $s=2a$（图 4-1）。设 ϕ_D 为没有包覆层的颗粒的理论堆积因数，则包覆后颗粒的理论堆积因数及其间隔 $s>2a$ 时颗粒的理论最大堆积因数 ϕ_m 之间的普遍关系式见式（4-4）：

$$\phi_D D^3 = \phi_m (D+2a)^3 \tag{4-4}$$

显然，$\phi_m \leqslant \phi_D$。换言之，由于体系中额外增加了基料（油）的体积（这个体积是指厚度 a 的油层的体积，替代空隙的油除外），颗粒的理论堆积因素下降了。对于纳米级颗粒，当 D 接近 a 的数量级时，颗粒的理论堆积因素下降幅度是十分明显的。

在亚麻仁油等油类的吸油值试验中，油类对于超细粉末的吸附层厚度 $a \approx 2.5\text{nm}$[1]。达到吸油值试验的临界点，颗粒间隙全部被油填充，$V_a=0$，颗粒之间中心距 $Z=D+2a$。这个临界点对应的堆积因数 ϕ_c，在涂料和油墨应用中称为临界颜料体积浓

度，颗粒群各种应用特性会在这个临界点发生转折或突变，是涂料和油墨配方设计的基础数据。该临界点也是颗粒从非流动堆积状态（黏弹态）开始过渡到介质中分散状态（悬浮液）的转折点，详见第十章第一节。

第三节　多元颗粒的堆积

对于任何一种粉体产品，颗粒群存在粒度分布，因此可以设想，较细的颗粒趋向于填塞于较粗粒子间形成的空隙中，故多元混合颗粒或者不同粉体产品（例如涂料和陶瓷原料等）比其单一颗粒的任何一种都堆积得更为密实。

设大颗粒和小颗粒的堆积因数分别为 ϕ_L 和 ϕ_S，可以推导[1]得出二元混合颗粒达到的最大堆积因数 ϕ_{m2}：

$$\phi_{m2} = \phi_L + \phi_S - \phi_L \phi_S \qquad (4-5)$$

最大堆积时大颗粒所占体积分数 v^* 和质量分数 w^* 分别为：

$$v^* = \frac{\phi_L}{\phi_{m2}} \qquad (4-6)$$

$$w^* = \frac{\phi_L \rho_{p1}}{\phi_L \rho_{p1} + (\phi_{m2} - \phi_L) \rho_{p2}} \qquad (4-7)$$

式中　ρ_{p1}——大颗粒粉体的真密度；

　　　ρ_{p2}——小颗粒粉体的真密度。

式（4-5）的前提是颗粒之间无相互作用且大颗粒与小颗粒的粒径比值不小于 10，用该式计算得到的 ϕ_{m2} 比试验值略高，因此也称为理论堆积因素。

对于均一球形颗粒组成的二元混合体系，试验证明，随着大小球直径比值的增加，ϕ_{m2} 从起始的 0.639（均一球体随机堆积因数）迅速增加，然后接近理论堆积因数 0.870（0.639＋0.639－

$0.639 \times 0.639 = 0.870$），相应地，该二元体系在极限条件下的大球粒子的体积分数为 0.734（$0.639/0.870 = 0.734$）。当大小球直径比值（$\lambda = D_L / D_S$）为 5 和 10 时，ϕ_{m2} 试验值分别为 0.760 和 0.835。

显然，对于颗粒度分布较宽的真实体系，其理论堆积密度随着颗粒度分布变宽而增加，且随着大小球直径比值的提高而增大。理论上，在颗粒度分布曲线相邻分布段中，大小球直径比值 λ 达到无限时，具有最大的理论堆积密度。对于颗粒度分布为 n 段的多元体系，各段大小颗粒均为无限尺寸比（$\lambda \to \infty$）时，该 n 元体系最大理论堆积密度的理论式[2]见式（4-8）：

$$\phi_{mn} = \phi_{m1} \left(n - \sum_{i=2}^{n} \phi_{mi} \right) \qquad (4\text{-}8)$$

式中　ϕ_{m1}——尺寸最大的一元均一球形颗粒的最大理论堆积因素（即 $\phi_{m1} = \phi_m \approx 0.639$）。

当 ϕ_m 取值 0.639 时，用式（4-8）可以计算出二元体系、三元体系、四元体系的最大堆积因素，分别为 $\phi_{m2} = 0.870$，$\phi_{m3} = 0.953$ 和 $\phi_{m4} = 0.983$。

堆积因素与颗粒特性关系的小结：

（1）平均粒度越小或者球形度越小，测得振实密度越小，堆积因素也越小，因此孔隙率就越大。

（2）颗粒度分布越宽，测得振实密度越大，堆积因素也越大，孔隙率就小些，其理论最大堆积因素也越大。极限情况下，特定产品达到均一颗粒时，振实密度必定是最小的。

（3）两种以上均一颗粒混合后，测得的振实密度总是大于其中单一颗粒的振实密度。

（4）在超细粉末范围内，由于气体吸附层的存在，颗粒的平均粒度越小（比表面积越大），粉体产品的振实密度和堆积因素也越小。

第四节　超细粉末堆积因素调节方法

综合上述讨论，堆积因素与颗粒的尺寸、形貌、颗粒度分布直接相关。而颗粒分布不仅取决于合成与制备工艺，也与影响颗粒团聚状态的后处理技术直接相关。

对于化学合成法制备的超细颗粒，合成和表面处理工艺决定了一次颗粒的尺寸及其分布和颗粒的形貌，其后的过滤和干燥等操作过程则影响一次颗粒的团聚状态及其团聚体的尺寸分布，也即这些后处理操作决定了粉体产品的堆积因素。

对于湿法研磨粉碎的超细颗粒，粉碎工艺决定了一次颗粒的尺寸及其分布宽度，其后可能的过滤和干燥等操作过程则影响到粉体产品的堆积因素。为了获得颗粒度分布较窄的产品，通常在粉碎过程中或粉碎之后进行分级处理。

对于干法粉碎的超细颗粒，粉碎机与分级机的操作条件以及所添加的研磨助剂决定了粉体产品的堆积因素。

本节主要讨论干燥、解聚和分级等后处理技术对粉体产品堆积因素的影响。

粉体产品团聚的动因来自颗粒之间的作用力，经过表面处理等必要的工艺处理可以改变颗粒表面性质，也即通过降低表面自由能的方式减缓硬团聚的趋势。毛细管附着力是粉体团聚的主要外部因素，可以通过干燥类型的合理选型降低干燥操作过程中所产生硬团聚体的比例（参见第三章）。干燥过程产生硬团聚体，硬团聚体的颗粒作为一个难以拆分的整体，具有比其一次颗粒更大的平均粒径（更小的比表面积或更少的气体吸附层），从而使得粉体的堆积因素增大。从颗粒度分布角度分析，如果硬团聚体的尺寸分布相对较窄，则又使得粉体的堆积因素减小。如果改变硬团聚体的比例使得颗粒度尺寸分布变宽，其粉体的堆积因素也会增大。

解聚是超细颗粒干燥后常用的单元操作过程，也即对粉体施加外力，使干燥过程中产生的较大团聚体得以拆分成为更小的颗粒单元，因而解聚过程伴随着颗粒度分布的变化。从操作原理看，解聚与粉碎是同类单元操作。前者是指团聚体的解聚但一次颗粒不被粉碎，因而解聚的目的是使颗粒度分布变窄，解聚后的堆积因素总是减小的。粉碎是指大颗粒粉碎成为较小颗粒的过程，因而粉碎总是伴随着颗粒度分布的变宽，也即堆积因素通常是增加的。解聚与粉碎在机理上有所不同。粉碎过程大体上遵循体积粉碎或表面粉碎机理，而解聚则属于均一粉碎机理，因而前者所需能量高于后者，由此观点看，任何用于粉碎的设备类型均可用于解聚。

解聚设备的选择主要从过程的经济性和产品工艺要求考虑。从解聚机理出发，冲击和压缩类粉碎设备用于解聚的效率明显高于剪切与摩擦类。从过程的连续性和物料清洁程度考虑，工业上最常用的超细粉末解聚设备类型是立式棒销冲击磨，粉体从顶部连续注入，经与高速转子上的棒销冲击作用，解聚后粉体借负压气流带出，属于冲击型干法解聚。大型棒销式解聚机械，最高线速度可以达到 125 m/s，采用变频调速以调节线速度。压缩型解聚设备在国内应用还较少，有待开发。从原理上分析，固定间隙的对辊以及滚轮—平板形式的固定间隙的回转辗压，对于控制 $5\sim10\mu m$ 上限团聚体粒径为 0 的极端严格要求的场合，固定间隙类压缩解聚要比冲击式设备更具成本和质量优势，同时非常适合于团聚体颗粒中的排气，也更有利于包装密度的提高。上述压缩类解聚设备除了施加压缩功之外，还兼具一定的剪切力作用，设备开发的核心问题在于材质的耐磨性和表面平整度或加工精度，也是纳米材料行业亟须的节能型装备。

　　超细粉末产品的分级通常采用气流分级形式，主要目的是从超细粉末产品中分离出较大的团聚体颗粒，分离出的团聚体颗粒再返回至解聚过程。分级后的粉末产品比分级前具有更窄的粒度分布，故分级处理后粉体具有相对较小的振实密度，也即分级处理减小了粉体的堆积因素。

　　超细颗粒分级的原理是颗粒在重力场或离心力场中运动速度与介质的相对速度差。有关颗粒沉降速度的计算将在第九章中讨论。

参考文献

[1]　巴顿．涂料流动和颜料分散－流变学方法探讨涂料和油墨工艺学[M]，第二版．郭隽奎，王长卓，译．北京：化学工业出版社，1988，第六章.

[2]　Servais C，Jones R，Roberts I. The influence of particle size distribution on the processing of food[J]. Journal of Food Engineering，2002，51(3)：201-208.

第五章　超细粉末吸油值

第一节　吸油值定义

刮刀研合法吸油量 OA 定义：每百克粉体达到研合法终点所需的亚麻仁油的质量，单位为 g/100g。在我国涂料和油墨的标准中仍然沿用亚麻仁油作为特定的实验材料，在橡胶业的标准中则开始采用邻苯二甲酸二丁酯（DOP）。国际标准化组织在最近发布的由中国主导制订的纳米碳酸钙标准（ISO 18473-1：2015）中规定，吸油值应标注采用的实验用油的材料，例如 gDOP/100g。试验材料不同，导致吸油值数据不统一，即使采用油的体积代替重量，差异仍然存在，这可能由于不同油类物质在粉体表面的吸附层厚度不同和毛细管附着力不同。有人用水作为研合法的液体，并推导出需水量（水吸收值 OA_{H_2O}）对吸油值 OA_{LA} 的关系[1]，见式（5-1）：

$$OA_{H_2O}=16.7+0.67\ OA_{LA} \tag{5-1}$$

水吸收值与陶瓷生坯的理论极限需水量有关，是衡量生坯原料颗粒基本特性的综合指标。

由于干燥过程产生团聚体，所以采用液相法合成超细粉末的滤饼，由其含水量导出的极限需水量通常小于干燥后粉体测试所得的需水量。

第二节　吸油值与超细颗粒特性的关系

吸油值终点是相对于最大稠度的状态（腻子状的均匀体，具有黏弹性和非流动性）。粗看起来似乎是人为规定的一种测量方法，其实理论上，吸油值试验包括了超细粉末的吸附性、润湿性和毛细管现象，更多地涉及以上讨论过的影响超细粉末堆积的尺寸及其分布和形貌的基本特性。从粉体堆积的角度看，吸油值是粉体特殊堆积状态（临界堆积状态 ϕ_c）下综合反映粉体基本特性的一个可测量参数，它具有很好的重现性和准确性。有关吸油值数据可靠性的讨论将在下节讨论。

如果将吸油值的单位用体积来衡量，根据吸油值定义可以计算得到临界堆积因数 ϕ_c：

$$\phi_c = \frac{100/\rho_p}{OA/935 + 100/\rho_p} = \frac{100}{100 + OA(\rho_p/935)} \quad (5\text{-}2)$$

式中　935——亚麻仁油的密度。对于其他试验材料，则取相应值，例如常用的 DOP，取 20℃ 的密度为 986.1 kg/m^3。

设油的吸附层厚度为 a，可以根据颗粒（未吸油的）的理论堆积因数 ϕ_m，由式（5-3）大致推算得吸附层厚度：

$$\phi_c = \phi_m \left(\frac{D}{D+2a} \right)^3 \quad (5\text{-}3)$$

大量试验结果证实，对于亚麻仁油，吸附层厚度约为 2.5nm，大致相当于两层卷曲的亚麻仁油酸甘油三酯分子。如果将式（5-3）中的平均粒径采用等比表面积当量直径，则有式（5-4）的关系式：

$$a = \frac{3(\sqrt[3]{\phi_m/\phi_c} - 1)}{S} \quad (5\text{-}4)$$

小结：

（1）通过振实密度、吸油值和比表面积等宏观可测变量分析数据的收集和整理，可以得到特定吸油值试验下某种粉体对该种油的吸附层厚度，该吸附层厚度通常是该种粉体和该种油的特征值。由此，在以后的产品颗粒特性指标控制中，只要测试粉体的振实密度和吸油值，即可应用吸附层厚度 a 来推算和评估粉末颗粒的基本特性（平均尺寸及其分布和形貌）相对于控制值的离散情况。笔者认为，比较费时的比表面积测量仅仅是检验上述测量准确性的检验手段。

（2）对于多种粉体构成配方的情况，也可以应用振实密度、吸油值等试验来判断混合配方粉体的堆积特性，在涂料、油墨和陶瓷等应用方面应该也是十分有用的测量与检验手段。

第三节　吸油值试验的误差因素

对于大多数第一次操作者而言，吸油值试验所得结果偏差50%不足为奇。吸油值试验只要遵循标准中规定的方法和程序，控制误差在0.5%以下也是非常容易实现的。按照笔者经验，对于不同操作个体以及不同单位人员之间，可以采用相同的样品，反复比较测试结果，使其达成一致。相比其他仪器分析，吸油值数据的偏差是很小的。

吸油值试验结果的主要影响因素可以归结于以下几点：试验条件、作用力、时间和终点判断。以下分别讨论这些技术要点[1]。

试验条件包括环境温度和样品的干燥程度。一般实验室均有基本温度控制条件，尽量减小实验室温度的偏差，例如控制在上下 3℃的偏差是允许的。实验室温度主要影响油的密度，因为吸油值测量得到的结果是反映了粉体空隙被油取代的情况。样品的干燥程度，在标准中要求将样品干燥至恒重，然后放置在干燥器中冷却至实验室温度。即使微量的水分也会严重影响到吸油值数据，这个可能与水对于油在粉体表面的竞争吸附以及油水乳化等影响毛细管力有关系。通常经验是，吸油值开始随着微量水分含量增加而快速增加，然后减慢增加至某个最大值，此时超细粉末的水分大约为 2%（质量分数）。诸如钛白粉等亲水性粉体，水分对吸油值增加最为显著；反之，亲油性的粉体例如纳米碳酸钙，很少或较少受到微量水分的影响。

吸油值试验的过程是将粉体中的附聚体颗粒拆散并使油吸附在各个颗粒的表面使其呈隔离分散的紧密集合体。操作者尽力施压于调墨刀（它是有弹性的，不至于断裂）促使颗粒附聚体解聚，正常用力情况下，30min 之内足够满足上述分散要求。用力不足，操作时间过长，均会出现吸油值偏低的结果。颜料和涂料行业采用亚麻仁油的情况下，油的酸值高，比较易于分散颜料，也会使操作时间减少。用力研压并不停地拌和，可在较短的时间内得到一致性更好的吸油值数据。

终点判定是吸油值的一个十分重要的环节，在终点前后，油量仅仅相差一滴，其表观即出现差异。这样，数据误差也就在一滴（大致 0.05mL）与半滴油之间。所以在临近终点时，一滴一滴慢慢增加油量，并用力使之均匀化。对于同一样品，只要 2 次以上操作，即可获得重现性很好的吸油值结果。对于膨胀性粉料（指粉末与油组成的体系），相对于假塑性粉料，更加易于研展，终点也更易于判定。终点时多加入一滴油可以把发暗的、粘连的、较硬的腻子状物改变成发光的、下陷的糊状物（超过了终点）。

> 吸油值（或者吸水值）是粉体特定堆积状态的基本特性，堆积状态间接反映了颗粒群的平均尺寸、尺寸分布和颗粒形貌。吸油值不仅适用于单一粉体产品的测量，更适合于配方混合粉体的设计和测量，对于混合粉体，堆积特性和吸油值均不是简单的算术加和或者算术平均。

参考文献

[1] 巴顿．涂料流动和颜料分散－流变学方法探讨涂料和油墨工艺学 [M]，第二版．郭隽奎，王长卓，译．北京：化学工业出版社，1988，第六章．

第六章 超细颗粒表面张力

在第二章第二节毛细管力讨论中，假设颗粒是惰性的，事实上，颗粒表面与介质之间普遍存在界面张力，在颗粒与液体相互接触的过程中存在附着、润湿和铺展等不同情况。颗粒表面张力与介质之间的表面张力的差值往往是颗粒烧结、凝并、再结晶、润湿、分散、成膜等过程的主要推动力。

第一节 表面张力

肥皂泡吹大，说明增加表面积 A 要做功；液滴趋向于面积最小化的球形，说明液体存在一种沿表面的作用力，即表面张力（记作 σ，单位 N/m）。吹泡所做的功就是克服这个表面张力所做的功。表面张力在热力学上也称为表面吉布斯自由能，又称表面自由能或表面能，单位为 J/m^2（通常也采用与其等值的表面张力单位 N/m），热力学表达式见式（6-1）：

$$\sigma = \left(\frac{\partial G}{\partial A}\right)_{T,P,n} \tag{6-1}$$

表面张力是由于物质表面分子和体内分子作用力不均衡引起的，是物质的本质属性。通常地，原子之间若是金属键，表面张力最大（例如锡 605K 时约为 0.5433N/m），其次是离子键、极性共价键，非极性共价键分子的表面张力最小（例如乙醚 293K 时约为 0.0020N/m）。水有氢键，其表面张力也比较大（293K 时约为 0.073N/m），大多数有机溶剂的表面张力比水小得多。因此，在超细粉末领域，我们常讲，水是魔水，爱亦水（成本最低的溶剂），恨亦水（毛细管团聚最严重的溶剂，氢键作用也最大）。

液体的表面张力 σ_L 可以用多种方法测定。两种液体之间的界面张力在互相饱和时，大致是两者表面张力之差值。液体表面张力随着温度的升高而下降。在液体中溶解无机盐或无机酸，通常增加溶液表面张力；若使水溶液表面张力下降，则该种物质称为表面活性剂。

固体的表面张力尚无法直接测定，通常采用间接方法推算，见本章第三节。

第二节　微小曲率表面的性质

微细颗粒及其毛细管弯月面均为微小曲率表面，表面张力作用导致蒸气压异常和结晶过饱和等现象。对此现象，可以应用开尔文公式处理[1]：

$$\ln \frac{p_r}{p_0} = \frac{2\sigma M}{RTr\rho} \tag{6-2}$$

式中　p_r——液体在曲率半径 r（m）下的蒸气压（Pa）；

　　　p_0——液体在平面下的饱和蒸气压（Pa）；

　　　M——液体的分子量；

　　　ρ——液体的密度；

　　　R——摩尔气体常数(8.314 J/(mol·K))；

　　　T——热力学温度（K）。

对于液滴，其曲率 r 取正值，$p_r > p_0$，说明微小液滴的蒸气压大于正常蒸气压，出现蒸气压升高现象；对于弯月面或者气泡，曲率 r 取负值，$p_r < p_0$，弯月面或微小气泡内蒸气压小于正常的饱和蒸气压，出现蒸气压下降现象。这些现象常见于超细粉末干

燥和造粒等过程。在超细粉末干燥过程中，弯月面毛细管中液体的蒸气压小于其饱和蒸气压，而小颗粒表面的蒸气压又大于其饱和蒸气压，故应该使超细颗粒湿物料的表面尽可能裸露，以增加其干燥速率，且有利于降低毛细管中扩散阻力和平衡含水量。

基于热力学的开尔文公式还适用于结晶过程，其变形式为：

$$\ln\frac{C_2}{C_1} = \frac{2\gamma_S M}{RT\rho}\left(\frac{1}{R_2} - \frac{1}{R_1}\right)$$

(6-3)

式中　C_1——颗粒半径 R_1 的溶解度；

C_2——颗粒半径 R_2 的溶解度；

γ_S——颗粒与溶液的界面张力。

设 $R_2 > R_1$，则 $C_1 > C_2$，说明小颗粒比大颗粒具有更大的溶解度。如果在体系中有不同颗粒度的分布，则随着平衡时间的延长，小颗粒会溶解而生长在大颗粒上，也即小者越小，大者越大，大颗粒生长到一定程度即发生沉淀。在纳米材料液相法制备中通常会遇到这种老化过程或奥氏熟化过程。对于大多数物质，提高温度将促进老化进程。

开尔文公式是超细颗粒制备的理论基础之一。在超细颗粒的制备过程中，无论采用何种合成方法，若想颗粒度均一分布，必须在过饱和状态下，在极短的时间内很快生成晶核，然后采用措施加以保护，而不能任其经历晶体生长或老化等过程。换言之，任何结晶生长或老化过程都将促进颗粒群尺寸分布趋向离散。在超细颗粒合成中，经常应用老化手段消除小颗粒，以获得颗粒度相对较大的单晶颗粒。

第三节　固体和液体接触界面

当液体与固体接触时，原有的固体-气体界面被固体-液体界面接触所逐步取代，称为润湿过程。由于固体表面张力 σ_S 与固体-液体的界面张力 γ_S 不同，润湿过程是否需要做功或可自发进行？这是超细粉末生产和应用中经常遇到的问题。润湿过程有三类：附着（固体表面与液体从不接触到刚刚接触）、浸润（固体完全浸没在液体中，例如大多数涂料和油墨产品）和铺展（固体表面的气体完全被液体取代并铺展在固体的表面，例如薄膜涂层或凝胶成膜的过程）。上述三类过程的表面自由能见表 6-1。

表 6-1 附着、浸润和铺展过程的表面自由能

过程	自由能	自发进行条件
附着	$\Delta G = \gamma_S - (\sigma_S + \sigma_L) = (\gamma_S - \sigma_S) - \sigma_L$	$(\sigma_S + \sigma_L) \geqslant \gamma_S$
浸润	$\Delta G = \gamma_S - \sigma_S$	$\sigma_S \geqslant \gamma_S$
铺展	$\Delta G = (\gamma_S + \sigma_L) - \sigma_S = (\gamma_S - \sigma_S) + \sigma_L$	$\sigma_S \geqslant (\gamma_S + \sigma_L)$

从以上自发进行条件看，当 $\sigma_S > \sigma_L$ 时，附着和浸润相对容易自发进行，自动铺展相对困难些。

当 $\sigma_S < \sigma_L$ 时，铺展不可能自发进行，此种情形下，液体在固体上会形成接触角 θ。这个接触角已经有多种专用仪器进行测量。固体表面张力和固-液界面张力的数据比较难以得到，但是，利用接触角和液体表面张力数据可以用式（6-4）计算固体表面张力和固-液界面张力的差值：

$$\sigma_L \cos\theta = \sigma_S - \gamma_S \tag{6-4}$$

利用接触角数据还可以判断 $\sigma_S < \sigma_L$ 时过程是否自发进行，对于附着过程：

$$\Delta G = -\sigma_L(\cos\theta + 1) \tag{6-5}$$

小于 90°接触角总是自发附着。粗糙表面大于 90°接触角时，可能附着也可能脱粘，增加粗糙度趋向于难附着。

对于浸润过程：

$$\Delta G = -\sigma_L \cos\theta \qquad (6\text{-}6)$$

可见，当 $\sigma_S < \sigma_L$ 时，小于 90° 接触角时自发浸润，大于 90° 接触角时不会自发浸润。

对于铺展过程：

$$\Delta G = -\sigma_L(\cos\theta - 1) \qquad (6\text{-}7)$$

同理，当 $\sigma_S < \sigma_L$ 时，很难在光滑表面上自发铺展，大于 90° 接触角时不可能自发铺展。

（1）为了使超细颗粒得到很好的自动润湿（液体置换气体吸附的颗粒表面）应适当选择表面张力低的液体，例如用有机溶剂替代水。对于表面张力较大的水性体系，则采用适量的表面活性剂以降低水溶液的表面张力。在浸渍型催化剂制备、溶胶成膜、涂布等过程中大多涉及铺展润湿原理的应用。

（2）超细粉末表面处理或表面改性，是改变颗粒表面张力最有效的方法，也是超细粉末制备和应用中的核心技术之一。

（3）对于 $\sigma_S < \sigma_L$ 的体系，可以应用接触角测量等手段，通过以下近似计算，获得固体表面张力数据[2]：

$$\sigma_S = \frac{\left(\sigma_L - \dfrac{\theta}{8}\right)(\cos\theta + 1)}{2} \qquad (6\text{-}8)$$

第四节　超细颗粒表面吸附性质

所有物质的表面都具有吸附其他物质（吸附质）的能力，超细颗粒丰富的表面及其表面缺陷表现出比块状材料更大的吸附容量。从能量角度看，具有小曲率半径的超细颗粒表面吸附物质后可以降低其表面自由能,所以吸附过程伴随一定的能量释放,反之,脱附过程是吸热的。吸附和脱附是所有界面上均可发生的界面现象,诸如常见的气固界面上的气体吸附和液固界面上的分子吸附。例如催化剂表面化学吸附与反应过程,金属离子的泡沫浮选分离过程和溶液表面优先吸附表面活性剂等也是典型的吸附过程。因此,吸附过程也是分子级别的物质在界面上附着的动态平衡过程。

从吸附过程有无化学键作用的机制可将吸附过程分为物理吸附和化学吸附两类。

(1) 物理吸附

依靠范德瓦尔斯力捕获吸附质分子的过程,被捕获的分子可以再捕获其他分子。因此,主要取决于吸附质的外部浓度,物理吸附可以是单分子层吸附,大多数情况下是多分子层吸附,吸附和脱附均是可逆的。由于不涉及化学键的打开过程,热效应较小,温度对物理吸附过程的影响明显弱于吸附质浓度或其分压的作用。分子间近程作用力是普适性的,故而,物理吸附不具有选择性。饱和吸附量因物质种类不同差异很大。

(2) 化学吸附

通过化学反应相互作用的吸附过程,具有选择性、不可逆性和单分子层反应的特点,其热效应显著大于物理吸附,因而除了吸附质浓度之外,温度对化学吸附过程的动力学和热力学均是重要影响因素。

(3) 气固等温吸附过程及其应用

对于超细颗粒物理吸附气体的过程,气体分压(或者吸附质浓度)和温度是决定其吸附过程的两个主要影响因素。最著名的等温吸附方程为 BET 多分子吸附公式,见式(6-9):

$$V = V_m \frac{Kp}{(p_s - p)[1 + (K-1)p/p_s]} \tag{6-9}$$

式中 V——平衡压力 p 时的气体吸附量（kg/kg）;

　　V_m——单位质量固体表面上铺满单分子层时所需的气体的量（kg/kg）;

　　p_s——实验温度下气体的饱和蒸气压;

　　K——与吸附热有关的常数（无因次）。

将式（6-9）改写成式（6-10）:

$$\frac{1}{V\left(1-\dfrac{p}{p_s}\right)}=\frac{1}{V_m}+\frac{1}{V_mK}\left\{\frac{1-\dfrac{p}{p_s}}{\dfrac{p}{p_s}}\right\} \tag{6-10}$$

显然，$\dfrac{1}{V(1-p/p_s)}$ 与 $\dfrac{1-p/p_s}{p/p_s}$ 是截距为 $1/V_m$ 的直线。BET 等温吸附公式适用范围是 $p/p_s=0.05\sim0.35$。

由等温吸附实验按照 BET 公式得到 V_m，再根据已知每个分子的截面积 A_m（m²），可以求得吸附剂的比表面积见式（6-11）:

$$\text{BET}=\frac{V_m}{M}N_AA_m \tag{6-11}$$

式中 N_A——阿伏加德罗常数（$6.22\times10^{23}\text{mol}^{-1}$）。

现有测定比表面积的仪器大多数采用氮气为吸附气体，氮气的分子截面积数据为 $16.2\times10^{-20}\text{m}^2$（即 0.162nm^2）。

（4）溶液中等温等压吸附过程及其应用

吸附剂对溶液中吸附质的等温等压吸附过程，其吸附量与吸附质的浓度有关。

大多数实验结果表明，活性物质在液体中的吸附是单分子层吸附。根据膜天平测试数据，对于 $C_nH_{2n+1}X$ 型，每个分子的截面积大致为 $20.5\times10^{-20}\text{m}^2$。醇类和酯类活性物质可能由于氢键作用，其分子截面积大于该数据。

由式（6-11）也可以估算固体表面单分子层吸附量。例如用硬脂酸液相法包覆纳米碳酸钙，设碳酸钙 BET 为 $23m^2/g$，可以计算得到硬脂酸（分子量 284.48）在碳酸钙表面的单分子层饱和吸附量为

$$V_{\mathrm{m}} = \frac{23 \times 284.48}{20.5 \times 10^{-20} \times 6.023 \times 10^{23}} = 0.053\mathrm{g/g}$$

参考文献

[1] 胡英，陈学让，吴树森. 物理化学(中册)[M]. 北京：人民教育出版社，1976，第八章.

[2] 巴顿. 涂料流动和颜料分散—流变学方法探讨涂料和油墨工艺学 [M]，第二版. 郭隽奎，王长卓，译. 北京：化学工业出版社，1988，216.

第七章　超细颗粒分散体及其稳定性

超细颗粒在流体中的分散悬浮体（简称分散体），当热动力与颗粒重力相当时，通常表现出胶体的特性。从热力学观点看，胶体是亚稳定体系，不稳定是绝对的，稳定是相对的（需要一定的条件）。分散体的稳定性涉及分散、絮凝、晶核等过程，是超细颗粒制备及其应用中十分重要的课题。

第一节　分散体中颗粒的布朗运动

布朗运动是胶体的动力特性，其本质是连续相介质分子的热运动，无规则的运动分子撞击直径为 D 的微小颗粒，使小颗粒产生无规则但有特定位移 x 的随机运动，或似乎赋予了小颗粒在介质中的扩散能力。

爱因斯坦利用分子运动理论，得到均一微球的扩散系数 D_F 为[1]

$$D_F = \frac{k_B T}{3\pi D\mu} \tag{7-1}$$

式中　k_B——波尔兹曼常数（1.86×10^{-23} J/K）；

μ——介质黏度（N·s/m²）。

扩散系数的单位为 m²/s。由上述定义可知，颗粒的扩散系数与温度成正比，与介质黏度和颗粒粒径成反比例关系。由于介质分子的热运动和颗粒的布朗运动，宏观上表现为颗粒从高浓度区向低浓度区的主动迁移现象，故称之为扩散作用。微观上，扩散的动力源于介质分子热运动，颗粒是被动的。这一现象是由布朗在研究花粉的不规则运动轨迹时总结和发现的，因此称为布朗运动，$k_B T$ 也称为布朗运动动能。

第二节　布朗运动的后果——粒子凝集

布朗运动对于超细颗粒分散体的稳定性具有两面性：一方面布朗运动使微粒子抵御重力沉降；另一方面使微粒子之间不断相互碰撞，颗粒之间有效碰撞而使之凝集成较大颗粒。微粒子凝集速率与粒子浓度 N（单位体积中颗粒数）的平方成正比，假设粒子碰撞半径与粒子直径 D 相当，则凝集速率为：

$$v - \frac{-dN}{dt} = 4\pi DD_F N^2 \tag{7-2}$$

式（7-2）积分，得：

$$\frac{1}{N_t} - \frac{1}{N_0} = 4\pi DD_F t \tag{7-3}$$

可得布朗运动碰撞致使凝集至粒子数减少一半所需的时间 $t_{1/2}$：

$$t_{1/2} = \frac{1}{4\pi DD_F N_0} = \frac{3\mu}{4k_B TN_0} \tag{7-4}$$

以二氧化钛和水体系（298K 下水的黏度 1CP＝0.001N·s/m²）为例，BET 为 4.8m²/g 的颜料二氧化钛（真密度为 4160kg/m³）的浓度为 0.1%（质量分数），则等比表面积球直径为 0.3μm，可计算得到每立方米水中初始粒子数量浓度为 $1.7 \times 10^{16}(1/m^3)$，凝集至粒子数减少一半所需时间为：

$$t_{1/2} = \frac{3 \times 0.001 \times 6.023^{23}}{4 \times 8314 \times 298 \times 1.7^{16}} = 10.7s$$

对于同样浓度的纳米二氧化钛，BET 为 48.1 m²/g（等比表面积球直径为 0.03μm），可以计算其初始粒子数量浓度为 $1.7 \times$

10^{19}（$1/m^3$），得到其 $t_{1/2}$ 为 $0.01\ s$。由此可见，粒子越小，相同质量浓度下单位分散体中粒子数浓度成数量级增加，凝集速率显著升高。

上述凝集速率的关系并没有考虑有效碰撞，由于颗粒之间存在排斥势能或存在作用能垒（见第三节），只有能越过能垒的有效碰撞才导致颗粒凝集。对于存在静电排斥势能的体系，颗粒的凝集速率比上述计算的要小得多。

第三节　分散体中颗粒表面电荷

分散体中颗粒表面产生定位电荷的原因可能有四种：

（1）对离子的选择性吸附，分散体颗粒将优先吸附过量的同离子，或者优先吸附溶剂化能力较弱的离子。例如在水性溶胶中，颗粒优先吸附水化能力较弱的阴离子而使颗粒表面带负电。

（2）组成颗粒的物质本身的电离，则电离情况及其颗粒表面电荷与分散体的 pH 值有关。

（3）同晶置换，例如硅铝酸盐矿物质，晶格中高价的 Si^{4+} 或 Al^{3+} 被低价的正离子 Ca^{2+} 或 Mg^{2+} 同晶置换，则颗粒表面带负电。

（4）可溶性离子扩散不平衡，对于碳酸钙等无机盐，在水中微溶，阳离子半径小于阴离子，阴离子扩散速率低于阳离子，故其表面带负电荷者居多。

颗粒表面带电后，与液体内部形成电位差 φ_0（表面电位差也称热力学电势差，其数值取决于溶液主体中与固体成平衡的离子浓度）。则分散体中颗粒表面附近存在双电层，即在固体表面的定位离子层，以及固体表面附着的液体中存在的与定位离子电荷相反的扩散离子层，扩散层中的离子也称为反离子。根据电解质溶液理论[1]，双电层尺寸约等于离子氛的半径 κ^{-1}：

$$\frac{1}{\kappa} = \sqrt{\frac{\varepsilon_0 RT}{4\pi e^2 N_A^2 \sum c_i z_i^2}} \tag{7-5}$$

式中　ε_0——液体介电常数（$C^2 \cdot s^2/kg \cdot m^3$）；

e——电子电荷量（C）；

c_i——液体中电解质主体浓度（mol/L）；

z_i——电解质的离子价。

由此可知，提高溶液中电解质强度或离子价数，离子氛半径被压缩。

在电场作用下或者外力作用下发生固体与液体相对运动时，固体和液体之间发生电动现象，移动切面处于扩散层中，相对运动的边界面与溶液本体之间的电位差则称为动电位或 ζ 电位。ζ 电位随着溶剂化层中离子浓度而改变，少量外加电解质对 ζ 电位的数值产生显著影响。随着外加电解质浓度增加，有更多反离子进入溶剂化层，双电层厚度变薄（扩散层被压缩），ζ 电位下降直至为零（称为等电点）。当外加电解质中异电性离子的价数较高，或者其吸附能力很强，溶剂化层内由于吸附过多的反离子，有可能使 ζ 电位符号反转。

等电点是颗粒在分散体系中的重要特性之一。等电点条件下，颗粒间静电排斥势能最低，在布朗运动作用下，颗粒趋向于团聚，第二节式（7-4）仅适合于等电点状态的悬浮液。

对于湿法研磨制备超细粉末的过程，人们可以应用等电点的概念，通过化学方法调节体系远离等电点，以提高研磨分散的效率。同样的，在制备超细颗粒组成的介孔材料时，则可人为地调节体系的等电点，以控制介孔颗粒的团聚体大小和空隙比例。

第四节　分散体中颗粒间排斥力的
结果——分散体稳定性

上节所述的小颗粒凝集情形，并没有考虑分散体中粒子之间的相互排斥力，事实上，由于颗粒之间存在相互作用力（吸引和排斥），每一次碰撞并非是有效碰撞。胶体化学中的 DLVO 理论指出：（1）胶粒之间存在相互凝结的吸引能量（也即前述的范德瓦尔斯引力，少数还有磁性力），又有阻碍凝结的相互排斥能量（通常是表面电荷排斥）。（2）胶体的稳定性取决于这两种能量的相对大小，而这两种势能与质点之间的距离有关。质点接近时，排斥能大于吸引能，在总作用能与距离的关系曲线上有一个能垒。能垒足够大时，阻止质点接触凝集以及引起的聚沉，胶体趋向于稳定。（3）外加电解质的性质及其浓度影响胶体系统的稳定性。（4）表面溶剂化层有利于阻止聚沉。以下仅简要引用 DLVO 理论有关排斥势能的结论性的共识。

对于两个相距为 Z 的球形粒子（粒径 D），假定其表面电势较低，其排斥势能近似地可表示为式（7-6）：

$$E_r = K\varepsilon_0 D\varphi_0^2 e^{-\kappa Z} \tag{7-6}$$

式中　K——常数；

　　　ε_0——介质的介电常数；

　　　φ_0——胶粒表面电位差；

　　　κ——离子氛半径的倒数。

由式（7-6）可知，排斥势能随表面电势和粒径的增大而升高，而随作用距离和离子强度的增加呈指数下降。

结合第三章所说的颗粒间作用力（范德瓦尔斯力），颗粒间范德瓦尔斯吸引势能 E_a 可以简化成：

$$E_a = -\frac{AD}{12Z} \tag{7-7}$$

悬浮液中颗粒间相互作用总势能是吸引势能和排斥势能之和，即 $E = E_a + E_r$。对于磁性颗粒流体，总势能为 $E = E_a + E_r + E_m$。其中 E_m 是磁性作用势能，改写式（3-8），有：

$$E_m = -\frac{2M^2V^2}{Z^3} \tag{7-8}$$

颗粒间相互作用总势能与热动能（布朗运动能 k_BT）的比值 E/k_BT（称为总势能 U，无因次数）与颗粒间距离（无因次数，s/D，见图 4-1）的关系概要如图 7-1 所示。当颗粒间距较大（体积浓度低、粒径很小且电解质浓度很低）时，总势能绝对值尚未越过势井，通常地，$E < 10k_BT$，悬浮液是热力学稳定体系，称为分散悬浮液或稳定悬浮液。

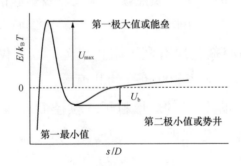

图 7-1　颗粒相对距离与总作用势能的示意图

当颗粒体积浓度增加致使颗粒间距 s 下降到总势能位于势井与第一极大值之间的范围内时，颗粒之间的离子氛开始接触并发生絮团或者连接成网络结构，形成一定絮团结构或凝胶结构，也称软团聚悬浮液，软团聚的颗粒结构是可逆的，也即在改变外部条件下（例如外部剪切力或环境化学条件改变时），颗粒结构可以回复到稳定悬浮液的分散状态。由于这种凝胶结构是可逆的，当施加外力后，凝胶结构被破坏而称为溶胶，撤去外力后溶胶重新形成凝胶。

当颗粒的体积浓度进一步增加至直接相互接触，颗粒间作用总势能越过第一极大值时，通常地，$E > 20k_BT$，颗粒间范德瓦尔斯力（近程力）占绝对主导（当表面间距 s 在 $1 \sim 10nm$ 范围内时），其总势能越过能垒达到第一最小值，这种相互作用总势能的颗粒团聚体是热力学稳定体系，称为硬团聚悬浮液，发生了实际的聚沉。与软团聚相反，硬团聚的颗粒结构通常是紧密的，也是不可逆的。因此，硬团聚结构的凝胶网络体系具有类似固体的性质，称为不可逆凝胶或者硬凝胶。

除了上述静电斥力之外，空间位阻也是提供分散体稳定性的重要因素。粒子表面的吸附物质可以提供立体阻碍，例如水分散体系中常用的聚电解质型分散剂、高黏度的保护胶体等，与静电排斥力一起可以起到更好的分散体稳定作用。

> **重要提醒**　超细颗粒分散体的稳定性属于胶体化学的范畴，胶体稳定性的前提是颗粒粒径极其微小，体系黏度高（例如保护胶体），尽量避免或减少电解质，可通过调节体系 pH 值在远离等电点的范围内。实际应用中是如何选择合适的分散助剂和设计分散体系，以达到既不凝集，也不会凝胶化的目的？有关分散体的沉降稳定性将在第九章超细颗粒沉降一章中进一步讨论。
>
> 建议读者将本章内容与第十章相互联系和思考。

参考文献

[1] 胡英，陈学让，吴树森. 物理化学（中册）[M]. 北京：人民教育出版社，1976，第十章，第十一章.

第八章　超细颗粒床层中的流体阻力

　　超细颗粒制备和应用等过程中经常涉及固液分离操作。工业上大多采用加压过滤、离心过滤和真空过滤等方式，悬浮液中的超细颗粒被过滤介质（滤布）截留形成过滤床层（滤饼），液体则通过床层被分离。颗粒从悬浮液中的分散状态转变为床层中较为紧密的堆积状态。对于抄纸和陶瓷流浆成型等应用场合，注重于床层的堆积状态或床层的质量，在超细粉末制备过程中则更关注如何降低床层中残留的湿分含量。由于过滤床层中普遍存在毛细管附着力的作用，因此与粉体堆积相比较，滤饼床层中的堆积要比其干粉堆积具有更大的堆积因素，与干粉的振实密度相比较，滤饼床层通常具有可压缩性能。本章主要介绍流体（液体或气体）通过超细颗粒床层的阻力计算，并讨论床层的可压缩特性。

第一节　床层的水力当量直径

　　超细颗粒床层通常是随机堆积的，堆积方式不同，其堆积因素是不同的。因而颗粒床层的孔隙率也因堆积方式而异。无论何种堆积方式，工业颗粒床层中，远未达到理想堆积状态，因此，假定床层中超细颗粒之间的接触导致的表面积减小忽略不计，则床层比表面积 S_B（m^2/m^3）与流体接触的全部表面积近似等于超细颗粒的表面积，即：

$$S_B = \phi S = (1-\varepsilon)S \tag{8-1}$$

超细颗粒床层的空隙构成了微小和曲折多变的微通道。这些微通道可以视作各向同性，也即流体通道截面积与床层横截面积之比等于床层孔隙率。与一般管道中流体流动行为不同，流体在超细颗粒床层空隙中的流动大多呈爬流状态，颗粒表面对流体的阻力是主要的，所以微通道对流体的流动将产生很大的床层阻力和压降。

水力当量直径模型，将超细颗粒床层中微通道简化为长度为 L_e 的一组平行微管，规定微管的内表面积等于床层中颗粒的全部表面积，微管的全部流动空间等于颗粒床层中的空隙。在此假定下，床层中微管的水力当量直径 d_e 为：

$$d_e = \frac{4 \times 通道横截面积}{润湿周边}$$

分子分母同乘以微通道当量长度 L_e，则有：

$$d_e = \frac{4 \times 床层空隙体积}{微管的全部内表面积} = \frac{4\varepsilon}{S(1-\varepsilon)} = \frac{4(1-\phi)}{S\phi} \quad (8\text{-}2)$$

第二节　床层压降

假设床层是不可压缩的，即 ϕ 与床层压差无关，床层压降计算，根据圆管中压降 ΔP（Pa）计算的一般式[1]为（忽略流体重力）：

$$\frac{\Delta P}{\rho} = \lambda \frac{L_e}{d_e} \frac{u_B^2}{2} \quad (8\text{-}3)$$

式中　λ——摩擦系数（无因次数）；

ρ——流体密度。

微管中流速 u_B 与空床层表观流速 u 的关系有：

$$u = (1-\phi)u_B \quad (8\text{-}4)$$

则单位床层高度的压降为：

$$\frac{\Delta P}{L} = \lambda' \frac{\phi S}{(1-\phi)^3} \rho u^2 \qquad (8\text{-}5)$$

式中 λ'——床层流动摩擦系数。

λ'可用式（8-6）表示：

$$\lambda' = \lambda \frac{L}{8L_e} \qquad (8\text{-}6)$$

根据圆球和纤维等阻力试验，低流速下（$Re' < 2$，Re' 为床层雷诺数），床层流动摩擦系数与床层雷诺数有式（8-7）所示关系：

$$\lambda' = \frac{K'}{Re'} \qquad (8\text{-}7)$$

式中 K'——Kozeny-Carman 常数，文献试验值在 $3.5 \sim 6.0$ 之间，可取 5。

床层雷诺数根据式（8-8）计算：

$$Re' = \frac{d_e u_B \rho}{4\mu} = \frac{\rho u}{S\phi\mu} \qquad (8\text{-}8)$$

故，对于层流区（$Re' < 2$），床层单位压降的计算式为：

$$\frac{\Delta P}{L} = \frac{5\phi^2 S^2}{(1-\phi)^3}\mu u = \frac{180\phi^2}{(1-\phi)^3 D_S^2}\mu u \qquad (8\text{-}9)$$

在水泥行业中，一般采用层流区床层阻力的原理，测量水泥的比表面积 S。

在较宽的雷诺数范围内，欧根将摩擦阻力分为层流和湍流两部分，获得式（8-10）所示关联式：

$$\lambda' = \frac{4.17}{Re'} + 0.29 \qquad (8\text{-}10)$$

式（8-10）中第一项和第二项分别代表层流区的摩擦阻力和湍流区的摩擦阻力的贡献，式（8-10）的试验应用范围是 $Re' = \frac{1}{6}(1 \sim 2500)$。对于超细颗粒床层，压降计算值通常低于实测值。这种偏差主要是由于超细颗粒床层具有可压缩性质。

第三节　滤饼床层的压缩性质

　　超细颗粒悬浮液堆积床层与粗颗粒悬浮液堆积床层的重要区别在于其具有可压缩性。粗颗粒床层通常是不可压缩的，对于均一粗颗粒，其最大体积分数为 0.639，颗粒度分布变宽，其最大体积分数相应增加。对于超细颗粒悬浮液，由于颗粒间作用力存在以及颗粒的团聚状态差异，所建立的床层通常具有可压缩性质。

　　首先，悬浮液中超细颗粒间作用力尤其是静电排斥力（或者空间位阻物质）使颗粒表现为具有离子氛半径厚度相隔的紧密堆积（类似图 4-1 分隔堆积模型），而非直接接触（直接接触模型见图 3-1 的硬团聚模型）。其分隔的薄的液相层或位阻层是具有一定势能的化学力，具有弹性变形特性。床层（或滤饼层）建立的过程就是与外加作用力相互平衡的动态过程。外部作用力越大，分隔层厚度被压缩变薄，相应地，床层的 ϕ 值增加，其平衡持液量就下降。

　　其次，悬浮液中超细颗粒间作用力使颗粒处于硬团聚状态时，或者形成凝胶网络结构的情况下，床层的 ϕ 值远小于分散悬浮液堆积的床层，这种颗粒结构保留了大量的液相空间。显然，在更大的外部作用力下，团聚体之间传导应力使之重新排列（称之为团聚点的滑动变形）得更加紧密，而挤出更多的液相空间。通俗地讲，这种架桥床层通常具有显著的可压缩性质。

　　可压缩床层的受外力情况可以用床层压缩强度 P_y 表示，对于已有床层，提高压缩强度，床层被压缩，因而床层压缩强度与床层中颗粒体积分数 ϕ 直接相关，可以简单地表述为 ϕ 的幂率形式[2]：

$$P_y = \frac{K}{S}\left(\frac{\phi}{\phi_g} - 1\right)^n \tag{8-11}$$

式中　S——单位体积床层中颗粒的表面积，也近似等价于床层
　　　　　中颗粒的平均尺寸；

　　　　K——悬浮液中颗粒间作用力（范德瓦尔斯力、静电作用
　　　　　力和位阻）的参数，与 P_y 同量纲（Pa）；

　　　　ϕ_g——$P \to 0$ 时的颗粒体积分数，相当于体系形成凝胶网
　　　　　络结构（达到非自由流动状态）或凝胶点时的体积
　　　　　分数，因此，也是与悬浮液中颗粒间作用力有关的
　　　　　参数，可以采用凝胶点的数据或者通过试验测量
　　　　　（常压下悬浮液自由滤饼薄层的体积分数）。

　　对于特定的体系，通过活塞逐步加压过滤试验，得到 K 值
和 n 值。对于超细颗粒悬浮液体系，指数 n 介于 4～5 之间。

　　同时，超细颗粒床层建立过程中，随着床层中颗粒体积分数
ϕ 的增加，颗粒间形成毛细通道，毛细管压力也随之提高。对应
的体积分数下床层具有对应的最大毛细管压力 P_{cmax}，床层最大
毛细管压力是床层保留液体的内禀能力，当外力超过最大毛细管
压力，床层就开始从液体浸润状态转向排液阶段（desatura-
tion）。床层中最大毛细管压力可以采用 Laplace-White 公式
表示[3]：

$$P_{cmax} = \frac{S\phi\sigma\cos\theta}{1 - \phi} \tag{8-12}$$

式中　θ——固体和液体的后退接触角；

　　　　σ——液体表面张力（N/m）。

　　床层压缩强度和最大毛细管压力是床层建立、床层压缩和排
液阶段外部外力和床层内禀力的平衡过程。图 8-1 是床层压缩强

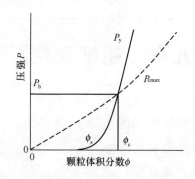

图 8-1　床层压缩强度和最大毛细管
压力与床层颗粒体积分数的关系

度和最大毛细管压力与床层颗粒体积分数的关系，这两条曲线交点的压力称为床层突破压力（breakthrough pressure，记作 P_b），对应地有临界体积浓度 ϕ_c。床层处在此临界体积浓度 ϕ_c 以下，外力作用使颗粒网络变形，床层具有可压缩性。超过 ϕ_c 点后，床层具有足够刚性，以至于不再被压缩，当外部采用气压等驱动力时，床层中液体将开始被挤出（排液）。

参考文献

[1] 陈敏恒，丛德滋，方图南，等．化工原理（上册）[M]．第三版．北京：化学工业出版社，2006，第四章．

[2] Channell G M, Zukoski C F. Shear and compressive rheology of aggregated alumina suspensions [J]. AIChE Journal, 1997, 43: 1700-1708.

[3] White L R. Capillary rise in powders[J]. Journal of Colloid and Interface Science. 1982, 90(2): 536-538.

第九章　超细颗粒沉降

超细颗粒在流体介质中的沉降分两种情形，一类是动力平衡体系，另一类是动力不平衡体系。

前者是指极低浓度条件下的纳米颗粒体系或者溶胶体系，布朗运动作用力显著，布朗运动自由程远小于颗粒间平均间距，或者颗粒之间以排斥势能为主且远大于布朗运动动能。由于颗粒的重力与颗粒的扩散力相当，颗粒在不同沉降高度上形成稳定的浓度梯度分布，也即存在沉降的动态平衡。这种理想状态在超细粉末制备和应用中均较少碰到。

生产实际中经常遇到的情形是不平衡体系。也即不满足上述动力平衡体系前提条件时，颗粒的沉降是很快进行的，有足够的时间，就可以完全沉降到底，并形成颗粒的底部堆积。

不平衡体系颗粒在介质中的沉降速度是颗粒度测量、气力输送、流化悬浮和颗粒分级等工程计算的基础数据。本章主要介绍球形颗粒和非球形颗粒与沉降速度相关的基础知识。

第一节　高度分散体系的沉降平衡

对于布朗运动与重力相当的高度分散体系——气溶胶和溶胶，重力场中粒子重力与扩散力（渗透压）达到动态平衡，形成空间高度上浓度分布的动态沉降平衡。

对于直径 D 的均一溶胶，平衡时粒子浓度 N（单位体积粒子数，$1/m^3$）随高度分布公式见式（9-1）[1]：

$$k_B T \ln \frac{N_2}{N_1} = -\frac{\pi D^3}{6}(\rho_p - \rho_f)g(x_2 - x_1) \qquad (9\text{-}1)$$

式中　ρ_p、ρ_f——颗粒密度和介质密度；

　　　　g——重力加速度；

　x_1、x_2——粒子浓度分别为 N_1 和 N_2 时对应的水平高度。

用式（9-1）估算水溶胶中纳米金颗粒的浓度降低至 1/2 时的平衡沉降高度差：直径 1.86nm 时为 5.03m，直径 8.35nm 时为 0.06m，直径 186nm 时为 5μm。事实上，达到动态沉降平衡的时间相当长，例如，8.35nm 的金溶胶，大致需要 29d。

在离心力作用下，则可以加速沉降，用离心加速度代替式（9-1）的重力加速度。

粗颗粒的分散系统中，布朗运动不足以克服重力作用，颗粒在重力作用下最终全部沉降。

第二节　球形颗粒相对于流体的沉降运动阻力

对于颗粒度大于 0.5μm 的粗颗粒体系以及高浓度体系（颗粒间距远小于布朗运动平均自由程，因凝聚也可以视作粗颗粒体系），由于重力远大于布朗运动扩散力，打破了沉降动力学平衡的条件，沉降是很快的。

颗粒在流体中的重力沉降过程，可以视为流体相对于颗粒的绕流。绕流时，流体对颗粒的曳力与流体密度 ρ_f、黏度 μ、流体与颗粒的相对流动速度 u 有关。

超细颗粒的沉降大多属于低速绕流。重力沉降过程中颗粒的沉降同时受到流体的黏性曳力。对于黏性流体中球形颗粒的低速绕流，流体作用于直径为 D 的圆球曳力的斯托克斯定律[2]为：

$$F_D = 3\pi D\mu u \qquad (9\text{-}2)$$

当流速高时，斯托克斯理论公式不再适用。对于一般流动条件下的球形颗粒，需运用式（9-3）牛顿阻力定律，试验确定无因次曳力系数 ξ：

$$F_D = \xi A_p \frac{\rho_f u^2}{2} = \xi \frac{\pi D^2 \rho_f u^2}{8} \qquad (9\text{-}3)$$

式中　A_p——球形颗粒在流动方向上的投影面积。

曳力系数与雷诺数 Re 的关系如图 9-1。其中雷诺数定义为：

$$Re = \frac{Du\rho_f}{\mu} \qquad (9\text{-}4)$$

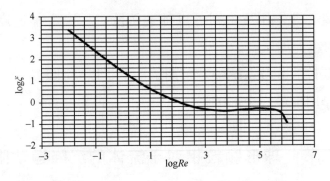

图 9-1　球形颗粒的曳力系数 ξ 与雷诺数 Re 的关系

不同雷诺数范围的曲线可以用以下分区公式表示：

（1）$Re<2$ 时为斯托克斯区，也称为层流区

$$\xi = \frac{24}{Re} \qquad (9\text{-}5)$$

将式（9-5）代入牛顿阻力定律公式，即为斯托克斯定律。

（2）$2<Re<500$ 时为过渡区

$$\xi = \frac{10}{\sqrt{Re}} \qquad (9\text{-}6)$$

（3）$500<Re<20000$ 时为牛顿区

$$\xi = 0.44 \qquad (9\text{-}7)$$

第三节 球形颗粒的自由沉降

颗粒在流体中自由沉降，其起始速度为零，如果颗粒密度 ρ_p 大于流体密度 ρ_f，颗粒沿重力（$F_g = mg$ 或离心力 $mr\omega^2$）方向做加速运动，一旦出现相对运动，即产生流体曳力作用。在重力场中，根据牛顿第二定律可得[2]：

$$m\frac{\mathrm{d}u}{\mathrm{d}t} = F_g - F_b - F_D \qquad (9\text{-}8)$$

式中 F_b——重力场中阿基米德浮力（$mg\rho_f/\rho_p$）。若在离心力场中，则用离心加速度 $r\omega^2$ 代替重力加速度 g。对于球形颗粒，可得重力场中自由沉降一般式：

$$\frac{\mathrm{d}u}{\mathrm{d}t} = \frac{\rho_p - \rho_f}{\rho_p}g - \frac{3\xi}{4D\rho_p}\rho_f u^2 \qquad (9\text{-}9)$$

随着沉降速度的加快，曳力迅速增加，直至与净重力相等，也即沉降加速度 $\frac{\mathrm{d}u}{\mathrm{d}t}$ 等于零，颗粒将以恒定的速度 u_t 继续沉降，该速度称为沉降速度或终端速度。由此可得球形颗粒的终端速度通式：

$$u_t = \sqrt{\frac{4(\rho_p - \rho_f)}{3\rho_f\xi}gD} \qquad (9\text{-}10)$$

将第二节中曳力系数 ξ 的计算式代入式（9-10），可以得到球形颗粒在不同雷诺数范围内等速阶段的相对沉降速度。

（1）斯托克斯区：

$$u_t = \frac{(\rho_p - \rho_f)gD^2}{18\mu} \qquad (9\text{-}11)$$

根据式（9-11），由颗粒的沉降速度计算得到颗粒粒径 D（也称为斯托克斯沉降粒径）。

（2）过渡区：

$$u_t = \sqrt[3]{\frac{4}{225} \frac{(\rho_p - \rho_f)^2 g^2}{\rho_f \mu} D}$$ (9-12)

（3）牛顿区：

$$u_t = 1.74 \sqrt{\frac{(\rho_p - \rho_f) g D}{\rho_f}}$$ (9-13)

由此可见，一定的体系（密度和黏度为定值），颗粒在流体中沉降速度与颗粒的粒度大小一一对应。当流体以速度 u 流动时，颗粒的沉降净速度为 $u_t - u$，沉降速度等于流体流速时，表观上颗粒悬停在流体中。生产实际中可以应用这个原理，对超细颗粒的悬浮液进行分级。超细颗粒加速段的时间很短，所以，沉降分离设备计算中可以直接应用沉降速度，其误差在工程上是可以接受的。

第四节　非球形颗粒的自由沉降

与球形颗粒比较，非球形颗粒具有较多的与流体接触表面，形状不对称出现水平方向左右摆动的不对称力，也即非球形颗粒的总曳力系数 ξ' 大于球形颗粒的曳力系数 ξ，用等体积当量直径 D_V 计算得到的非球形颗粒的当量沉降速度 $u_{t,s}$ 大于实际沉降速度，即 $u_{t,s} > u_t$。

（1）斯托克斯区，定义斯托克斯修正系数 K_S：

$$K_S = \left(\frac{u_t}{u_{t,s}}\right)_V = \frac{18\mu u_t}{(\rho_p - \rho_f) g D_V^2}$$ (9-14)

曳力系数计算式为：

$$\xi' = \frac{24}{K_s Re} \tag{9-15}$$

其中，雷诺数中的颗粒直径用等体积当量直径 D_V 计算。对球形度为 $\psi = 0.2 \sim 1$ 的非球形颗粒，斯托克斯修正系数 K_s 的试验值为：

$$K_s = \psi^{0.83} \tag{9-16}$$

（2）牛顿区，类似地，修正系数计为 K_N，则有

$$K_N = \left(\frac{u_t}{u_{t,s}}\right)_V = \frac{u_t}{1.74 \sqrt{\dfrac{(\rho_p - \rho_f)gD_V}{\rho_f}}} \tag{9-17}$$

曳力系数计算式为：

$$\xi' = \frac{0.44}{K_N^2} \tag{9-18}$$

① 牛顿区，片状颗粒，斯托克斯修正系数 K_N 的试验值为：

$$K_N = \frac{1}{5 - 4\psi} \tag{9-19}$$

② 牛顿区，柱状颗粒，斯托克斯修正系数 K_N 的试验值为：

$$K_N = \psi^{0.65} \tag{9-20}$$

（3）对于过渡区，设曳力系数由层流和湍流两项构成，即

$$\xi' = \frac{24}{K_s Re} + \frac{0.44}{K_N^2} \tag{9-21}$$

代入终端速度通式，则有

$$\frac{18}{K_s Re} + \frac{0.33}{K_N^2} = \frac{(\rho_p - \rho_f)gD_V}{\rho_f u_t^2} \tag{9-22}$$

引入阿基米德准数：

$$Ar = \frac{(\rho_P - \rho_f)\rho_f g D_V^3}{\mu^2} \qquad (9\text{-}23)$$

式（9-22）变换为：

$$\frac{Ar}{Re^2} = \frac{18}{K_S Re} + \frac{0.33}{K_N^2} \qquad (9\text{-}24)$$

上述一元二次方程的解：

$$\frac{K_S}{K_N^2} Re = \frac{9}{0.33}\left(\sqrt{1 + \frac{0.33}{81}\frac{Ar K_S^2}{K_N^2}} - 1\right) \qquad (9\text{-}25)$$

由此得到层流区、牛顿区和过渡区适用于球形颗粒和非球形颗粒沉降速度的一般式：

$$u_t = \frac{9}{0.33}\frac{\mu}{\rho_f D_V}\frac{K_N^2}{K_S}\left(\sqrt{1 + \frac{0.33}{81}\frac{Ar K_S^2}{K_N^2}} - 1\right) \qquad (9\text{-}26)$$

对于超细颗粒 Ar 远小于 1，括号内三项简化近似等于

$$\frac{1}{2}\left(\frac{0.33}{81}\frac{Ar K_S^2}{K_N^2}\right)$$

用体系各项物性替代 Ar，可以得到层流区沉降速度计算式：

$$u_t = \frac{1}{K_S}\frac{(\rho_p - \rho_f)g D_V^2}{18\mu} \qquad (9\text{-}27)$$

对于大颗粒，Ar 远大于 1，括号内三项简化近似等于

$$\sqrt{\frac{0.33}{81}\frac{Ar K_S^2}{K_N^2}}$$

类似地，用系统物性代替 Ar，得到牛顿区大颗粒沉降速度计算式：

$$u_t = K_N 1.74\sqrt{\frac{(\rho_p - \rho_f)g D_V}{\rho_f}} \qquad (9\text{-}28)$$

参考文献

［1］ 傅献彩，沈文霞，姚天扬，等. 物理化学（下册）［M］，第五版. 北京：高等教育出版社，2006，422.

［2］ 陈敏恒，丛德滋，方图南，等. 化工原理（上册）［M］，第三版. 北京：化学工业出版社，2006，第五章.

第十章　超细颗粒悬浮液的流变性

悬浮液流变学是流变学的一个分支，牛顿流体为连续介质的悬浮液研究较多，非牛顿流体为连续介质（比如高分子熔体和沥青）的悬浮液的流变学研究则较少。由于悬浮液稳定性和测量上的原因，流变学关注的悬浮液体系中非连续相颗粒的尺寸主要集中于 $1nm\sim10\mu m$。对于颗粒形状和表面电荷各向异性颗粒之悬浮液的流变学主要集中在蒙脱土类悬浮液或者泥浆，大多应用于石油钻井泥浆体系。

悬浮液流变学综合了颗粒间作用力（见第 7 章排斥和吸引势能）、布朗运动热势能和流体动力（曳力或流体黏度）。流体曳力存在于流动的悬浮液中，当颗粒与介质流体产生相对运动时，曳力以热的形式耗散于悬浮液中。布朗运动动能与悬浮液的温度相关，是始终存在的各向同性的力。胶体作用力有吸引和排斥之分，颗粒表面存在的双电层或离子氛是具有弹性的，具有一定的可逆变形能力。这些力（或势能）的相对大小，宏观上表现为流变性能首先取决于颗粒尺寸及尺寸分布。布朗运动和颗粒间作用力对于亚微米尺度的颗粒悬浮液很快建立其平衡作用，而对于颗粒度大于 $10\mu m$ 的悬浮液，曳力占绝对主导，其他作用力相对很小，可以忽略不计。因此，悬浮液的剪切流动行为与颗粒特性密切相关，流变性能的测量反过来也可以表征颗粒群的特性。

为了由浅入深地介绍悬浮液流变行为，将悬浮液按照非连续分散相的作用力做如下分类：

（1）硬球悬浮液：颗粒之间无其他相互作用力，也即刚性的、惰性的圆球。

（2）稳定悬浮液：净排斥使得颗粒之间保持分离状态。

（3）团聚悬浮液：胶体悬浮液体系净吸引力导致颗粒之间呈一定程度的团聚状态。当超过凝胶浓度，团聚形成凝胶网络的体系，又细分为：

① 弱团聚悬浮液：团聚是弱的、可逆的弱凝胶（flocculation）。

② 强团聚悬浮液：团聚是强的、不可逆的胶体凝胶（coagulation）

悬浮液的黏度（μ）取决于剪切速率、连续相和非连续相的性质。通常，悬浮液黏度与连续相（无论是牛顿流体还是非牛顿流体）黏度（μ_L）成正比。因此，悬浮液流变学模型中大多采用相对黏度（μ_r，无因次）表示，也即：

$$\mu_r = \frac{\mu}{\mu_L} \tag{10-1}$$

第一节　硬球悬浮液

颗粒之间既无吸引也无排斥作用力的悬浮液的实际例子，通常出现在非胶体体系（例如玻璃球分散在多氯联苯中）或者排斥势能和吸引势能被屏蔽的少数胶体尺度的悬浮液（例如聚苯乙烯胶粒分散于一些熔剂中，十八烷表面接枝的二氧化硅分散于环己烷）。与曳力或布朗运动力相比较，颗粒间作用力忽略不计的悬浮液（例如多数非极性溶剂为介质的分数体系），以及连续相黏度足够大（例如大于 100Pa·s）的悬浮液，下列硬球模型的流变行为才是适用的。

流体介质中的固体颗粒引起的流场分布导致能量耗散增加，也即悬浮液流动黏度增加。对于颗粒含量很低的稀悬浮液，硬球

悬浮液的相对黏度可以引用爱因斯坦理论方程[1]:

$$\mu_r = 1 + [\mu]\phi \qquad (10\text{-}2)$$

式中　$[\mu]$、ϕ——分别为颗粒的本征黏度和体积分数（参见第四章堆积因素）。理论上，$[\mu]$取决于颗粒的形状，对于硬球 $[\mu] \cong 2.5$。

当悬浮液中的颗粒体积分数增加到 0.10（对于纳米级颗粒这个数值更小）以上后，式（10-2）的理论公式计算值明显小于实际值。式（10-3）的半经验公式[2]在悬浮液流变学研究中占有重要地位:

$$\mu_r = \frac{1}{\left(1 - \dfrac{\phi}{\phi_m}\right)^{[\mu]\phi_m}} \qquad (10\text{-}3)$$

式中　ϕ_m——剪切条件下的最大理论堆积因素，对于均一硬球，低剪切下 ϕ_m 可以取 0.63（接近均一圆球的随机堆积的因素 0.639），高剪切下取 0.71（接近均一硬球最大理论紧密堆积因素 0.74）。

当颗粒浓度趋向理论最紧密堆积（ϕ_m）时，液体对于颗粒之间的相对运动已无润滑作用，黏度趋向无穷大，此时，悬浮液出现剪切屈服值。事实上，远在颗粒达到紧密堆积之前，悬浮液静止时已经处于固态。

对于颗粒度小于 $1\mu m$ 的硬球悬浮液，在达到 ϕ_m 之前，这类静止的溶胶类悬浮液出现各种相态的转变。当 $\phi = 0.494$ 时，开始呈现晶体行为，称为第一热力学相转变点，无序的流体转变为有序的晶态，该点称为凝固（freezing）浓度。这种晶态与液相共存状态一直持续到 $\phi = 0.545$，该点称为融化（melting）浓度，ϕ 数值略大于六面体（松散的）堆积方式的数值（$\phi = \pi/6 = 0.524$）。融化浓度以上，所有长程的颗粒运动被"笼闭"，流动被遏制。

根据大多数硬球悬浮液的实验数据，半经验公式（10-3）中的 $[\mu]\phi_m$ 乘积等于 2，因此，对于单一粒径的硬球悬浮液，有：

$$\mu_r = \frac{1}{\left(1 - \dfrac{\phi}{\phi_m}\right)^2} \qquad (10\text{-}4)$$

对于多元硬球悬浮液，除了剪切速率和颗粒形状之外，颗粒分布也会影响悬浮液的相对黏度。此时，最大堆积因素必大于均一圆球的理论值（$\phi_m = 0.639$）。需要定义有效最大堆积因素 ϕ_{meff} 作为多元硬球悬浮液的最大堆积体积分数，将 ϕ_{meff} 替代方程（10-4）中的 ϕ_m，则得到非一元的硬球悬浮液的通式：

$$\mu_r = \frac{1}{\left(1 - \dfrac{\phi}{\phi_{meff}}\right)^2} \qquad (10\text{-}5)$$

对特定的系统 ϕ_{meff} 也各异，可以从 ϕ 对 $\mu_r^{-1/2}$ 的试验数据图解截距得到 ϕ_{meff}。由此可见，通过悬浮液流变学测量，或由振实密度的测量均可以获得多元硬球的最大有效堆积因素的近似值。

通式（10-5）适用于硬球悬浮液，由此分析可知，硬球悬浮液的相对黏度不仅与剪切速率有关，而且取决于颗粒堆积特征 ϕ_{meff} 和悬浮液颗粒体积分数 ϕ。

增加颗粒体积分数会显著提高悬浮液相对黏度。任何影响颗粒紧密堆积的因素都会导致悬浮液相对黏度下降。

粒度分布变宽，导致 ϕ_{meff} 变大，悬浮液相对黏度下降。从一元颗粒（$\phi_{m1} = 0.64$）变成二元颗粒（$\phi_{m2} = 0.87$），相对黏度增加最为显著，而从二元变成三元硬球（$\phi_{m3} = 0.953$）时，相对黏度的下降则相对很有限。对于二元硬球，$\phi_{m2} = 0.87$，此时大球的体积分数为 0.735，小球的体积分数为 0.265。大球和小球的尺寸比值越大，ϕ_{m2} 越接近理论值 0.87，悬浮液黏度也相对越低。

颗粒形状影响最大有效堆积因素 ϕ_{meff}，显然，颗粒的球形度越小，最大堆积因素或最大有效堆积因素 ϕ_{meff} 就越低，在相同体积分数下其悬浮液的相对黏度也就越大。例如，圆柱形颗粒长径比（L/D）越大，ϕ_{meff} 越小。$6 < L/D < 8$ 时，$\phi_{meff} \approx 0.44$；$L/D = 18$，23 和 27（纤维状）时，ϕ_{meff} 分别为 0.32，0.26 和 0.18。

颗粒形状也影响颗粒的本征黏度 $[\mu]$，例如棒状颗粒 $[\mu] = 0.07q^{5/3}$，盘状颗粒 $[\mu] = 0.3q$，其中 q 为长轴与短轴之比，式（10-3）中指数仍然取 2。

第二节　剪切速率对硬球悬浮液黏度的影响

对低浓度的硬球悬浮液（$\phi < 0.1$），其相对黏度与剪切速率（$\dot{r} = du/dy$）无关（见爱因斯坦理论方程）。

当浓度较高时，剪切速度会影响最大堆积因素，硬球悬浮液黏度与剪切速率的关系呈现三个特征阶段：

（1）低剪切阶段：呈现与牛顿流体类似的流变行为，悬浮液具有恒定的零剪相对黏度，记作 μ_{r0}。对应地，式（10-4）中，$\phi_{m0} \approx 0.63$。

（2）中等剪切阶段：呈现剪切变稀行为，悬浮液的相对黏度随剪切速率增加而下降。通常解释为，剪切下布朗运动退出主导地位，颗粒呈现更规则的层状取向排列。

（3）高剪切阶段：悬浮液的相对黏度达到极限，并保持恒定，称为极限剪切相对黏度，记作 $\mu_{r\infty}$。因此，高剪切时式（10-4）中，$\mu_{r\infty} \approx 0.71$。

零剪切黏度 μ_{r0} 和极限剪切黏度 $\mu_{r\infty}$ 仅适用于特定的体积分数 ϕ，也即，即使是相同体系，不同的体积分数浓度下，零剪切黏度和极限剪切黏度是不同的。

对于高浓度的硬球悬浮液（通常地 $\phi>0.4$），在非常高的剪切速率下会出现剪切变稠现象，也即在上述三个阶段的第三阶段出现一个临界剪切速率 $\dot{r}_c$，在该临界剪切速率之后，相对黏度重新上升。这种剪切变稠归因于，高剪切下颗粒之间的规则排列被扰乱成"团簇"结构。

对于布朗运动硬球（粒径 $D<1\mu m$）悬浮液，引入以下 Peclet 无因子数用于表述颗粒尺寸有关的布朗运动势能和剪切速率的相对大小[3,4]：

$$Pe = \frac{3\pi D^3 \mu_L \dot{r}}{4k_B T} = \frac{D^2 \dot{r}}{4D_F} \tag{10-6}$$

式中　T——热力学温度；

　　　D_F——颗粒的扩散系数（见式（7-1））。

该类悬浮液的相对黏度与 Peclet 数的关系较好地符合式（10-7）：

$$\frac{\mu_r - \mu_{r\infty}}{\mu_{r0} - \mu_{r\infty}} = \frac{1}{1 + (Pe/Pe_c)^n} \tag{10-7}$$

对均一硬球悬浮液，指数 $n=1$，Pe_c 是与颗粒体积分数有关的参数，式（10-4）中用 $\phi_{m0} \approx 0.63$ 和 $\phi_{m\infty} \approx 0.71$ 替代 ϕ_m 可以分别获得 μ_{r0} 和 $\mu_{r\infty}$。Iwashita[4] 在 Peclet 数 $0.034 \sim 17.2$ 范围内模拟了硬球悬浮液的流变行为，$\phi<0.4$ 时，黏度基本上恒定不变，$\phi=0.46$，0.51 和 0.56 时，Pe_c 分别为 0.20，0.50 和 0.63，式（10-7）与试验数据的一致性较好。

第三节　胶体悬浮液流变行为

与硬球悬浮液模型不同，胶体悬浮液需要考虑颗粒间相互作用力。对于颗粒间作用力以排斥力为主导的，称为稳定悬浮液，其他的则称为团聚悬浮液。团聚悬浮液按照吸引力大小可以区分为软团聚胶体悬浮液和强团聚胶体悬浮液。

1. 稳定悬浮液

由于双电层排斥作用，悬浮液中颗粒可以视作内核颗粒加双电层为外壳的一个独立运动的整体，这个双电层厚度与液相中离子氛半径相当。有关双电层外壳的存在，颗粒的内核表面无法直接接触的，存在一个临界的表面间距 s（参见图 4-1 的模型）。换言之，在颗粒之间的静电排斥势能作用下，颗粒及其双电层的整体等价为有效直径为 D_f 的硬球，其中 $D_f = D + s$，因此，该等价硬球的有效体积分数[5]必然大于颗粒自身的体积分数 ϕ，

$$\phi_f = \phi \left(\frac{D_f}{D} \right)^3 \tag{10-8}$$

式（10-4）变形为：

$$\mu_r = \frac{1}{\left(1 - \dfrac{\phi_f}{\phi_m} \right)^2} \tag{10-9}$$

将式（10-8）代入式（10-9），得：

$$\mu_r = \frac{1}{\left[1 - \dfrac{\phi}{\phi_m} \left(\dfrac{D_f}{D} \right)^3 \right]^2} \tag{10-10}$$

已有研究表明，当 $s \ll D$ 时，上式具有较好的拟合结果。换句话说，式（10-10）适用于紧密堆积的排斥层和静电排斥势能曲线陡峻的情形（例如强电解质），或者是良溶剂中短链吸附质位阻稳定的体系。也即，$s/2 \approx \kappa^{-1}$（κ^{-1} 为离子氛半径，见第七章），或 $s/2 \approx a$（吸附层厚度）。

当 $s \gg D$ 时，颗粒表面附近的吸附外层具有很强的可形变能力，类似于一个具有刚性内核和弹性外壳的软球，s 值随着剪切等外力的变化而变化，就无法确定 D_f 的理论值。对于此类胶体

悬浮液，最好采用式（10-5）有效最大堆积因素的方法，$\phi \sim \mu_r^{-1/2}$ 作图，外推至 $\mu_r^{-1/2}=0$ 得到 ϕ_{meff}。事实上，由于排斥层的存在，当 $\phi_f = \phi_g = 0.58$ 时，体系已经达到玻璃态转化点，所以胶体悬浮液的有效最大堆积因素远小于颗粒的最大堆积因素 ϕ_m，即

$$\phi_{meff} = \phi_m \left(\frac{D}{D_f}\right)^3 \qquad (10\text{-}11)$$

由此可知，对于长程排斥力作用为主的体系，在很低的颗粒浓度下即可达到玻璃态，ϕ_{meff} 值可以作为体系从流体向玻璃态转变的参考。也即，体系达到 ϕ_{meff} 时出现屈服应力，剪切大于等于该屈服值时体系才能流动，超过该值 ϕ_{meff}，体系成为黏弹性固体。例如直径为 68nm 的聚苯乙烯颗粒分散在物质的量浓度为 5×10^{-4} mol/L 的 NaCl 水溶液中，试验外推得 $\phi_{meff}=0.144$。假设 ϕ_m 取 $\phi_g = 0.58$，由式（10-11）得 $D_f/D = 1.59$。

2. 软团聚胶体悬浮液

当胶体作用势能落入势井后（参见图 7-1），即 $10k_B T < E < 20k_B T$，形成软团聚颗粒结构，通常是高度支链化的不规则形状。其流体力学上的分形结构是将团聚体视作平均直径为 D_c 的单元，则该单元中基本颗粒的平均数 N 与 D_c 的关系为：

$$N = \left(\frac{D_c}{D}\right)^f \qquad (10\text{-}12)$$

式中 f——无因次分形维数，是颗粒内部团聚程度的特征量，其值为 1～3。

显然，$f=1$，且 $D_c = D$ 时是单一硬球模型。最紧密团聚时，$f=3$（这种状态对应于类似晶格中的颗粒堆积）。大多数胶体悬浮液体系，f 值介于 1.8～2.1 之间，通常地可以取 7/4。D_c 可以视作为支链末端的外接圆直径，或水力学直径。因此，团聚导

致分散相的有效体积分数 ϕ_f 大于颗粒占有的体积分数 ϕ，此时

$$\phi_f \approx \phi N^{\frac{3}{f}-1} \approx \phi\left(\frac{D_c}{D}\right)^{3-f} \tag{10-13}$$

软团聚悬浮液的第一个特征是可逆性。剪切流动可以破坏这种软团聚结构，停止剪切后需要一定的时间才能恢复到静止时的团聚结构，因而其逆变的历史是可控的。在恒定的剪切速度（或剪切应力）下，流体动力和胶体吸引力（以及布朗运动动能）达到稳态平衡，对应地有一个平衡的团聚体尺寸。剪切速度越大，D_c（或 N）越小。对于分形团聚体结构平均尺寸大于 $1\mu m$ 的胶体悬浮液体系（此时，布朗运动动能可以忽略不计），剪应力与团聚体尺寸之间有以下近似关系[6]：

$$\frac{D_c}{D} = 1 + \left(\frac{\tau_C}{\tau}\right)^m \tag{10-14}$$

式中　τ——悬浮液的剪应力，即 $\tau = \mu_r\mu_L\dot{r}$；

　　　τ_C——胶团结构被完全破坏时的特征剪应力，其值与颗粒
　　　　　　间作用强度有关；

　　　m——与团聚体结构以及变形能力有关。对于可逆团聚体，
　　　　　　m 取 $1/2$；对于不可逆的硬团聚体取 $1/3$。

将式（10-13）和（10-14）代入式（10-9），可得：

$$\mu_r = \frac{1}{\left\{1 - \dfrac{\phi}{\phi_m}\left[1 + \left(\dfrac{\tau_C}{\mu_r\mu_L\dot{r}}\right)^m\right]^{3-f}\right\}^2} \tag{10-15}$$

上式 μ_r 是一个隐函数，只能用数值解法。

凝胶点 ϕ_g 是该类体系的第二个特征。当 $\phi < \phi_g$ 时，悬浮液表现为流体，具有较弱的弹性；当浓度超过 ϕ_g 时，会形成连续的网络结构，形成类似固体的凝胶。出现屈服值和黏弹性。结合式（10-13）和式（10-14），可得：

$$\frac{\tau}{\tau_C} \approx \frac{1}{\left[\left(\dfrac{\phi}{\phi_f}\right)^{\frac{1}{f-3}} - 1\right]^{\frac{1}{m}}} \tag{10-16}$$

外推至 $\dot{r} \rightarrow 0$，且 $\phi_f \rightarrow \phi_m$，得到屈服剪应力或屈服值 τ_y，即当 $\phi_g < \phi < \phi_m$ 时：

$$\frac{\tau_y}{\tau_c} \approx \left(\frac{\phi}{\phi_m}\right)^{\frac{1}{m(3-f)}} \tag{10-17}$$

3. 强团聚胶体悬浮液

胶体作用势能足够大时，即使在很低的体积分数下也形成凝胶结构，颗粒在聚沉之前已经形成了连续相接的网络，具有黏弹性。黏弹性悬浮液具有很高的黏度和一定的剪切模量以及屈服应力。与软团聚悬浮液不同，强团聚体悬浮液在剪切下具有不可逆特性。

弹性模量 G' 通常采用小振幅振动变形法和三点微弯曲法测量得到。

相同体积分数下，多元颗粒的强团聚悬浮液比均一颗粒的悬浮液具有更高的屈服应力，可以采用以下模型[7]计算混合悬浮液的屈服应力 τ_{ym}：

$$\tau_{ym} = \left(\sum_{i=1}^{n} \phi_i \sqrt{\tau_{vi}}\right)^2 \tag{10-18}$$

强团聚胶体悬浮液多见于硅凝胶、钛酸凝胶、钻井泥浆、黏土类电荷各向异性颗粒的分散体系。对该类体系的流变行为有兴趣的可以参考文献[8]、[9]、[10]。

参考文献

[1] 江体乾. 工业流变学[M]. 北京：化学工业出版社，1995，第十二章.

[2] Krieger I M. Dougherty T[J]. Trans Soc Rheol, 1959，3：137.

[3] Chen H S, Ding Y L, Tan C Q. Rheological behaviour of nanofluids

[J]. New Journal of Physics, 2007, 9: 367.

［4］ Iwashita T, Yamamoto R. Direct numerical simulations for non-Newtonian rheology of concentrated particle dispersions[J]. Phys Rev E, 2009, 80.

［5］ Qin K, Zaman A A. Viscosity of concentrated colloidal suspensions: comparison of bidisperse models[J]. Journal of Colloid and Interface Science, 2003, 266: 461-467.

［6］ Snabre P, Mills P. Rheology of weakly flocculated suspensions of rigid particles [J]. Journal De Physique, III, 1996, 6 (12): 1811-1834.

［7］ Zhou Z, Solomon M J, Scales P J, et al. The yield stress of concentrated flocculated suspensions of size distributed particles[J]. J Rheol, 1999, 43: 651-671.

［8］ Philippe A M, Baravian C, Baravian V. et al. Rheological study of two-dimensional very anisometric colloidal particle suspensions: from shear-induced orientation to viscous[J]. Langmrir, 2013, 29: 5315-5324.

［9］ Dilhan M K, Seda A. Factors affecting the rheology and processability of highly filled suspensions dissipation[J]. Annu Rev Chem Biomol Eng, 2014, 5: 229-254.

［10］ Louise B, Henk N W L, Geoffrey C M. Smectite clay-inorganic nanoparticle mixed suspensions: phase behaviour and rheology[J]. Soft Matter, 2015, 11: 222-236.